中国地质大学(武汉)本科教学工程项目资助
中国地质大学(武汉)实验技术研究项目资助
中国地质大学(武汉)实验教学系列教材

重力勘探综合实验

ZHONGLI KANTAN ZONGHE SHIYAN

沈 博 编

图书在版编目(CIP)数据

重力勘探综合实验/沈博编.—武汉:中国地质大学出版社,2016.11
中国地质大学(武汉)实验教学系列教材
ISBN 978-7-5625-3923-0

Ⅰ.①重…
Ⅱ.①沈…
Ⅲ.①重力勘探-实验-高等学校-教材
Ⅳ.①P631.1-33

中国版本图书馆 CIP 数据核字(2016)第 262601 号

重力勘探综合实验			沈 博 编
责任编辑:王 敏			责任校对:戴 莹

出版发行:中国地质大学出版社(武汉市洪山区鲁磨路388号)　　邮政编码:430074
电　　话:(027)67883511　　传　真:67883580　　E-mail:cbb@cug.edu.cn
经　　销:全国新华书店　　　　　　　　　　　　　http://www.cugp.cug.edu.cn
开本:787毫米×1092毫米 1/16　　字数:218千字　　印张:8.375　图版:6
版次:2016年11月第1版　　　　　印次:2016年11月第1次印刷
印刷:武汉市教文印刷厂　　　　　印数:1—1 000册
ISBN 978-7-5625-3923-0　　　　　　　　　　　　　　　定价:26.00元

如有印装质量问题请与印刷厂联系调换

中国地质大学(武汉)实验教学系列教材
编委会名单

主　　任：唐辉明

副主任：徐四平　　殷坤龙

编委会成员：(以姓氏笔画排序)

公衍生	祁士华	毕克成	李鹏飞
李振华	刘仁义	吴　立	吴　柯
杨　喆	张　志	罗勋鹤	罗忠文
金　星	姚光庆	饶建华	章军锋
梁　志	董元兴	程永进	蓝　翔

选题策划：

毕克成　　蓝　翔　　张晓红　　赵颖弘　　王凤林

前　言

随着本科通识教育理念的贯彻,工科专业的专业课教学课时普遍减少。同时,由于实践教学对提高学生综合素质、培养创新精神等所具有的特殊作用,对实践教学环节提出了更高的要求。勘查技术与工程专业(勘查地球物理方向)也不例外,一增一减之下,实践与课堂学习时间的比例发生了很大的改变。面对这种变化和要求,实践教学将如何应对？实验教材的重新设计和编写,成为解决矛盾的关键问题之一。

编一本较详细、完整的实验教材,并提供一些必要的实验数据及图件等,在满足实验教学需要的同时,也能够让有意愿更深入学习该课程的学生,在掌握基本专业知识和实验技能的前提下,通过自学达到比较全面掌握或了解课程实践技能的目的(在通识教育基础上体现并强化专业教育)。将因为课堂教学学时减少而无法在课堂上讲授的部分与实践相关的重要内容,在实验教材中得以体现,使实验教材同时具备课程学习参考书的功能。这是本书编写的主要出发点和基本思路,也是为了化解上述矛盾所进行的一种探索。

"重力勘探"是勘查技术与工程(勘查地球物理方向)专业的主干专业课程之一。与该课程相关的实践技能学习环节可以概括为:①重力仪原理、操作使用、性能测试与检验方法;②野外重力观测方法与技术;③重力观测资料整理、布格重力异常计算与质量评价;④岩石标本密度测定与密度资料整理;⑤地形改正方法与实施技术;⑥模型重力异常正反演计算;⑦布格重力异常划分与解释。本书共由 10 个实验组成,其中 4 个实验与上述第一个环节对应(实验一、二、三、五),其他 6 个环节分别对应 1 个实验项目。

与重力仪使用相关的实验,选取拉科斯特(LCR)和 CG-5 两种主流型号重力仪。对利用纯手工进行操作的拉科斯特重力仪的了解和操作,有助于深入理解重力仪的原理、结构和观测方法。对当前使用最广泛的 CG-5 重力仪的使用则进行了更加深入细致的介绍;除了最基本的原理、设置、操作方法以外,还包括仪器主要性能的测试和评价方法、数据下载和计算整理、仪器检查和调整、运输和维护等实用技术。改变了以往只关注原理和仪器操作方法的做法,为全面掌握仪器使用技能提供了基础。在拉科斯特和 CG-5 这两种重力仪之外,实验一中介绍了所有的重力测量原理和方法,包括历史上出现的主要重力仪类型,以及重力测量技术发展和演变的各主要阶段、重要人物等,这部分主要供读者自学了解。

在其他 6 个实验的编写中,都从基本方法和原理出发,对重要实验技能进行了较详细和深入的分析阐述。同时,考虑到实际工作的复杂性,补充了大量的相关方法和应用技术。例如在岩石密度测定实验中以往只要求用岩石密度计或天平对致密岩石标本进行密度测定,本书中增加了含孔隙标本的封蜡法测定、松散样本的大样法和小样法测定内容,并给出实际数据以供密度资料处理使用,充实了实验内容,增强了实用性。

在野外重力观测方法技术实验中,过去只要求完成某种重点方法(如三程循环)的观测和计算。这里通过比较，论述了各种常用重力观测方法，以及不同方法的差异、使用条件、适用场合及数据整理方法区别等，并针对当前国内使用的各种重力仪所取得观测数据内涵和形式的不同，分别给出了观测资料计算整理和数据质量评价方法。

因地形改正的数据准备和计算过程都比较复杂，过去一直未将其列入实验范畴，但这是重力勘探不可或缺的一项基本技能。作者结合目前学生基本上人人有电脑这一现实情况，编写了这项实验内容。介绍了多种中远区地改方法的特点和要求，重点放在扇形域地改方法，并给出了扇形域中区地改表。野外实地近区地改是一种实践性很强的技术，提供了斜坡地形和台阶地形两种地形改正方法及相关的实用地改数据表。同时，介绍了地改工作设计中的相关问题，及其与重力勘探总体技术设计的关系。

重力异常正反演计算和处理(划分)是异常解释的基础。给出了几种规则形体场源正反演及任意多边形截面二度体重力异常的实用计算公式，说明了以正演为基础的选择法反演的方法和步骤等。布格重力异常划分方面，以平滑曲(直)线法、偏差值法(圆周法)、高阶导数换算法等基本方法为内容，给出了供处理和解释使用的剖面与平面异常资料；阐述了异常解释流程和一般原则、引起重力异常的地质因素的分析方法等。

本书每个实验的内容都比较丰富，综合性较强，旨在加强知识与知识之间、知识与技能之间的联系，并强调实用性及方法技术运用的灵活性等。因此，本书定名为《重力勘探综合实验》。其较为丰富的内容安排，是为了更加便于自学。

即使是直接使用书中提供的实验数据，在2个学时或4个学时内全部完成某个实验项目也是不大可能的。在使用本教材时，教师可以对其中的实验内容进行一定的选择，对有兴趣深入学习的学生则可以提出较高的学习要求，开展差异化教学。

中国地质大学王宝仁教授和王传雷教授编写的《重力、磁法实验实习教学指导书》(原地质矿产部勘查地球物理专业课程指导委员会统编教材，地质出版社，1994)，尽管时隔20多年，且篇幅有限，但其中实验内容选择及组合方式仍具有重要的借鉴意义，本书中的部分图件也直接来源于该书的重力部分。在此向王宝仁教授致以诚挚的敬意。本书的出版得到中国地质大学(武汉)本科教学工程项目和实验技术研究项目的支持，在此表示感谢。

本书不仅是一部实验教材，也是重力勘探课程学习和地球物理勘探野外教学实习的参考书，并可供从事重力工作的技术人员参考。

编　者
2016.7

目 录

实验一　重力测量原理及仪器的发展 …………………………………………（1）

实验二　LaCoste‑Romberg 重力仪操作与检查 ………………………………（18）

实验三　CG‑5 重力仪操作与漂移性能评价 …………………………………（30）

实验四　三程循环和双程往返重力观测 ………………………………………（49）

实验五　重力仪性能测试与格值标定 …………………………………………（60）

实验六　岩石标本密度测定与密度资料整理 …………………………………（74）

实验七　扇形域地改及野外现场近区地改 ……………………………………（84）

实验八　重力观测数据整理与布格异常计算 …………………………………（97）

实验九　模型重力异常正反演计算 ……………………………………………（106）

实验十　布格重力异常的划分与解释 …………………………………………（115）

主要参考文献 ……………………………………………………………………（125）

附图：重要人物和仪器 …………………………………………………………（127）

实验一 重力测量原理及仪器的发展

一、实验内容和要求

(1) 明确引起地表重力变化的因素和幅度，不同应用领域对重力测量精度的要求。
(2) 了解重力测量简史，并掌握重力测量的物理原理和主要方法技术。
(3) 掌握弹簧重力仪的原理、基本结构和特点，重点是零长弹簧助动型重力仪。
(4) 了解当代主流重力测量仪器的型号、主要技术指标及应用领域。

二、地表重力变化及测量

地球可以近似作一个两极略扁的旋转椭球体（扁率为 1/298），其重力由引力和自转离心力构成。地球质量、大小和形状、自转速率的变化等均较稳定，地表重力场基本格局（正常重力）可近似看作：由赤道到两极，随着纬度增高重力值逐渐增大；至南、北两极处达极大值，增大幅度约为重力全值的 0.54%，这是由地球的扁率和自转参数所决定的。根据现代正常重力公式计算得到，地表重力平均值约 $980\times10^{-2}\text{m/s}^2$，南、北两极处最大值约 $983.3\times10^{-2}\text{m/s}^2$，赤道上最小值约 $978.0\times10^{-2}\text{m/s}^2$。

地表各点实际重力值与正常重力值之差，称为重力异常（广义概念），再经过高度改正、中间层改正、地形改正之后，得到布格重力异常。布格重力异常主要是由地壳厚度变化及地壳内部密度分布不均匀所引起的，其量值可达数百毫伽（10^{-5}m/s^2）。重力勘探正是利用地下密度分布的不均匀性，来开展地质普查和进行找矿等工作。其中，局部较小的地质构造或矿体等所引起的局部重力异常往往小于 $1\times10^{-5}\text{m/s}^2$。

由月亮和太阳的运行轨道变化引起的重力固体潮变化，表现为重力周期性地随时间变化，最大波动幅度约 $0.3\times10^{-5}\text{m/s}^2$。由地球自转状态的改变及内部物质迁移（如地壳形变、地表风化作用、地下水水位变化等）所引起的重力随时间缓慢变化，表现为非周期或准周期特征，称为非潮汐变化，幅度通常小于 $0.1\times10^{-5}\text{m/s}^2$。

根据对重力场研究及应用目的的不同，对重力观测精度有不同的要求，见表 1-1。

从 1792 年波达和卡西尼在巴黎用金属丝摆完成第一次较准确重力测定，至今已有 200 多年。在此期间，重力测量所使用的原理从以摆（丝摆、可倒摆、振摆仪）和扭秤为主，发展到使用各种弹性元件（或结构）的静力平衡原理、自由落体（或抛体）原理、弦的振动原理，直至超导技术、原子干涉技术应用等，经历了漫长而曲折的演变过程。

直接测量的物理量包括绝对和相对重力值、重力各向导数（扭秤、重力梯度仪）。重力观测精度从 $10^{-5}g$（$10\times10^{-5}\text{m/s}^2$）量级，发展到 $10^{-9}g$（$1\times10^{-8}\text{m/s}^2$）量级，以致更高（如超导重力仪分辨率为 $0.01\times10^{-8}\text{m/s}^2$）。

表 1-1 不同领域重力测量的常见精度要求

工作任务	典型工作比例尺	重力观测精度要求 ($10^{-5}\,\mathrm{m/s^2}$)	布格重力异常精度 ($10^{-5}\,\mathrm{m/s^2}$)
区域重力调查	1∶200 000	±0.200	±0.500
油气及矿产普查	1∶50 000	±0.050	±0.200
固体矿详查	1∶10 000	±0.015	±0.040
重力时变观测	台站连续观测	±0.001	—

观测方式从单点实验室重力测定,到重力台站的连续观测、大面积野外重力测量和重力勘探、全球重力网建立和重力复测。观测领域从陆地,拓展到海洋(包括海底、大洋表面和潜艇重力测量)、天空(包括航空重力、卫星重力及地外空间探测)、地下(钻孔、竖井、地下巷道、隧道、坑道等)等。

在科技迅速发展的现代社会,重力测量的应用也愈来愈重要和广泛。目前,重力测量在计量科学、测绘科学、地震研究和预报、地理学、大气科学、海洋科学、地质普查、资源勘探、工程勘察、环境监测、地质灾害调查、考古调查、国防军事、航空航天、天文观测,以及众多基础研究领域中,都具有较深的影响和广泛的应用。

三、西方对地球的早期认识

由于地球重力场由其引力场和自转离心力场组成,故地球形状及其运动,决定了地面重力场分布的基本规律。地球的形状及其运动,是前人长期观察和探索的问题。

公元前 6 世纪,古希腊最早的著名数学家、哲学家毕达哥拉斯(公元前 572 年至公元前 497 年),就以天文观测为基础,经过哲学思辨,率先提出了"大地是最完美的球形"的观点,并为古希腊和其后的欧洲学者深信不疑。

公元前 4 世纪,古希腊学者亚里士多德(公元前 384 年至公元前 322 年),曾经过观察得出"月食时地球在月亮上的投影是弧形(圆形)",这一大地是球形的首个科学证据,并估计了地球的圆周值(即纬度变化 1°对应的地面南北向距离)。

公元前 3 世纪(希腊化时期),被誉为欧洲地理学之父的希腊学者埃拉托色尼(亦译为伊拉多生斯,公元前 276 年至公元前 196 年)提出了估计地球圆周值的科学方法。他在埃及位于同一子午线上的阿斯旺和亚历山大城两处,于夏至日那天的同一时刻,测得太阳顶点的高度角,二者的差值即是两地的纬度差,其值约为 360°的 1/50。在测量出两地的地面距离(约 5000 希腊里)之后,求得地球周长,换算成现代公制单位为 39 375km,仅比现代值小 1.64%。

我国天文学家和大地测量学家张遂(僧一行)于公元 8 世纪(唐代初)测得圆周值,误差约 20%。阿拉伯人于公元 9 世纪,通过观测北极星,测得地球圆周值为每度 90km(北极星高度角变化 1°对应的地面南北向距离)。

欧洲人的地球物理研究,实际是在 1522 年麦哲伦(西班牙)首次环球航行成功,彻底证实地球是球形之后才开始的。此前,该研究基本停滞在古希腊时期的认知阶段。

亚里士多德有两个与重力有关的认识:①"落体的下落速度与它的质量成正比,重物体会先到达地面"，这一认识，直到伽利略(1564—1642年)于1590年在比萨斜塔完成落体实验之后才被纠正，但该项实验未见可靠文献记载；②"摆经过一个短弧要比经过长弧快些"，也是经历了两千年以后，才被伽利略和惠更斯(1629—1695年)的观察和实验所纠正。

1609年，伽利略创制了天文望远镜，并用来观测天体。他发现了月球表面的凹凸不平，并亲手绘制了第一幅月面图；1610年，发现了木星的4颗卫星，后被命名为伽利略卫星。借助于望远镜，伽利略还先后发现了土星光环、太阳黑子、太阳的自转、金星和水星的盈亏现象、月球的周日和周月天平动，以及银河是由无数恒星系所组成的，等等。伽利略对太阳系多个天体及银河系进行的观测，正式揭开了现代宇宙学的冰山一角，同时也为地球及其重力场的认识和研究指明了方向。

1669年，法国人比卡德(Picard)利用天文望远镜测角，获得了较准确的圆周值测量结果，相对误差仅0.1%。人类终于得到了对地球基本形状和大小的准确认识。

随着对地球测量实践的不断深入，逐渐形成了大地测量学。如今的大地测量学包括几何大地测量学和物理大地测量学两个部分。其中，后者以研究地球内部物质分布及迁移为内容，在19世纪末期之前，则主要是重力学的研究。

四、早期重力测量实践

被誉为"现代科学之父"的伽利略(1564—1642年)，进行了最早的重力测量实践，他于1590年发现了自由落体定律。同时，他通过对教堂随风摆动的吊灯的观察，发现单摆的振动周期仅与摆长存在关系，而与摆动幅度无关这一事实。

荷兰物理学家惠更斯(1629—1695年)在实验基础上确定了数学摆的周期及摆长与重力的关系(单摆原理)，并据此于1655年发明了机械摆钟。

1672年，法国天文学家里舍(J. Richer)带着3台摆钟，从巴黎到南美的赤道附近去观测火星，发现摆钟每天变慢2min 28s，里舍认为是赤道的重力加速度小于巴黎所至。这一消息很快被牛顿(1642—1727年)和惠更斯得知，经过独立研究，两人不谋而合地提出，地球为旋转扁球体的认识，并分别估算了地球扁率为1/230和1/577(实际为1/298)，阐述了地表重力值随纬度变化的基本规律。而此前，地表重力被认为是恒定值。

1687年，牛顿的著作《自然科学的数学原理》出版(拉丁文第一版)。书中，牛顿从开普勒(德国，1571—1630年)行星运动三大定律出发，深入论述了万有引力定律，并根据力学原理指出：地球的离心力从赤道向两极逐渐减小，地球不可能是一个正球体，而应该是赤道处外凸、两极略扁的扁球。从此奠定了重力学、重力测量学和重力勘探的理论基础。

1736年，法国科学院对拉普兰和秘鲁(纬度相差60°)两地进行探测，第一次准确获得了地球为扁球的可信测量结果。从此，把地表重力的变化与地球形状相联系，逐渐形成了一个专门学科——重力测量与地球形状学。在这次工作中，布格(Bouguer)奠定了重力测量学的基础，克莱罗(亦译为克雷诺，Clairaut)提出了重力与地球扁度关系的重要公式(克莱罗定理)。18世纪后期，许多地球物理工作均在此二人的基础上展开。

1756年(牛顿辞世后29年)，俄国百科全书式的科学家罗蒙诺索夫(1711—1765年)，首次提出了重力随时间变化的观点，并于1759年设计了万能气压计。该装置基于容器及导管中的液体所受重力与气压相平衡的原理，来测定气压值。反过来，当对气压变化进行有效控制或校正时，则可直接用于测定重力随时间的变化(图1-1)。

1798年,英国物理学家卡文迪什(Cavendish,1731—1810年)完成了万有引力测量的扭秤实验(后世称为卡文迪什实验)。他改进了英国机械师米歇尔(John Mitchell,1724—1793年)设计的扭秤,测得万有引力常数G的结果仅比现代值大了0.33%(图1-2),进而获得了地球质量,并计算得出地球平均密度约为$5.5g/cm^3$,证实了牛顿早期"地球密度约为水的5～6倍"的推测。卡文迪什根据地球平均密度及实际地表岩石密度为$2\sim3g/cm^3$这一事实,推断地球内部必然存在高密度核。万有引力常数G的测定,使牛顿的万有引力定律不再是一个比例性的陈述,而成为一项精确的定量规律。

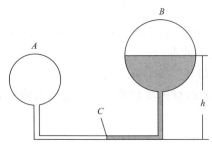

图1-1 罗蒙诺索夫万能气压计

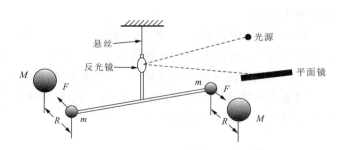

图1-2 卡文迪什扭秤实验

这一时期,欧洲几乎所有数学家、物理学家都在研究地球物理问题,包括达朗倍尔、库伦、拉格朗日、勒让德、泊松等。他们把数学和物理学有机结合,用以解释地球现象,使地球物理学从一开始就建立在严格的数学与物理学基础之上。19世纪以前的地球物理工作,实际上可以称为重力学和大地测量学时期。

1849年,英国数学家、力学家斯托克斯(G. Stokes,1819—1903年)从理论上证明了:如果地面上的重力值为已知,则可以根据它的分布和变化规律确定大地水准面的形状,并可求出大地水准面与标准椭球面之间的偏差。

1851年,法国物理学家傅科(Foucault,1819—1868年)设计了傅科摆,根据摆在北半球的摆动平面按顺时针方向转动的现象,形象而有力地证明了地球自西向东的自转。人们从此对地球的形状、大小、质量、运动以及重力场的组成和分布规律有了完整的认识。

在正确认识地球重力场的基础上,这一时期开展了广泛的重力测量实践。使用的测量方法主要是:用摆测定重力场强度和大规模质量分布引起的垂向偏差,以及用卡文迪什静力平衡法(扭秤)直接测定重力位的各向二阶导数。

1774年夏天,英国马斯基林对苏格兰斯希哈林山进行了垂向偏差测量,估计山体的密度为$2.50g/cm^3$,并据此估计了地球总质量。

1792年,法国科学院的波达和卡西尼,在巴黎完成了第一次较准确的重力测定,他们用金属丝摆(近似数学摆)测得了精度约$10^{-5}g$量级的结果。

1818年,卡特尔(德国,H. Kater)设计了可倒摆(一种物理摆,见图1-3),提出了精确测定摆长的方法。

1826年,贝塞尔(法国,F. W. Bessel)充实了可倒摆理论,为更加准确地测定重力值创造了条件。该装置作为主要的绝对重力测定工具延续使用了超过150年。至1950年代,可倒摆的测量精度为$\pm 0.1\times 10^{-5}m/s^2$。

1887年,斯台尔涅克(匈牙利,R. L. Sterneck)发明了用于测定相对重力值的振摆仪(图1-4)。该仪器受测量环境影响较小,适合野外移动测量,曾被欧洲各国广泛使用。

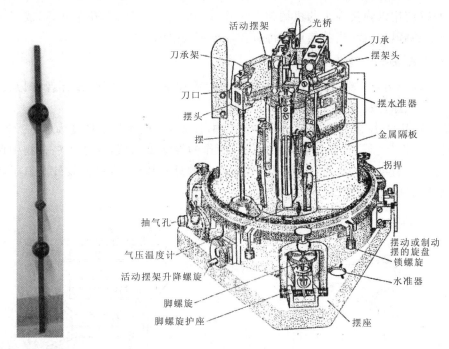

图1-3 卡特摆　　　　图1-4 振摆仪结构

1923年,韦宁·曼涅兹上校在荷兰的潜水艇中用振摆仪测量重力,发现了海洋重力变化(印尼海沟的重力异常)。1929年,又出现了轻便的振摆仪。

1930年,法国的 Petrus Lejay 和 Holweck 共同研制 Holweck - Lejay 摆,即荷-雁弹性摆。时任上海徐家汇观象台台长的 Petrus Lejay 神父(中文名"雁月飞",1898—1958年),曾在中央物理所严济慈、鲁若愚等人的配合下,于1933—1939年,用荷-雁弹性摆在我国南部和东部广大地区进行重力测量,共完成了200多个测点,这是在我国的最早重力测量成果。

1896年,匈牙利的厄缶(V. Eötvös,1848—1919年)对卡文迪什测量引力常数的装置进行了改造,制造出可用于测定多个重力位二阶导数的扭秤,并于1901年,在 Balaton 湖地区首次用于实地测量。

1908年,厄缶从理论和实践上进一步论述了用扭秤测量结果研究地壳上层结构的可能性与效果,并用于捷克、德国和埃及的石油、盐丘等勘探,获得了很大的成功。

1922年,扭秤进入美国,在 Spindletop 油田(1922年)和德州 Brazoria 的试验均获得了成功,于1924年发现石油。

1928年,李四光任中央地质调查所所长,并于1930年编写了《扭转天平之理论》。中央地质调查所于1937—1939年,用匈牙利L型扭秤(称"扭转天平")和德国 Askania - S - 20 型扭秤,在湖南水口山矿区找铅锌矿,这是我国最早进行的重力勘探。

在整个20世纪上半叶的重力测量和勘探中,扭秤曾被广泛使用。

五、弹簧重力仪

摆和扭秤测量效率低,分辨率不高。故 20 世纪上半叶出现了许多以静力平衡原理设计的相对重力仪(使用以弹簧为主的机械弹性元件),它们构思巧妙、百花争艳,形成了重力测量仪器发展史上的辉煌时代(当前使用的部分仪器见本书附图)。

1. 具有代表性的弹簧重力仪

1930—1945 年,出现的有代表性的陆地重力仪如下(仪器名称、设计者、国别、出现年代、重力测量精度、原理及主要特点)。

哈克(Haalk)气压重力仪[图 1-5(a)]:德国,1930 年,重力测量精度为 $(1\sim 2)\times 10^{-5}\,\mathrm{m/s^2}$,运用气体的弹性(气压)与重力平衡原理设计制作的线性重力仪,在冰水混合物中保持恒定工作温度,是第一台可用的重力仪,曾用于海洋重力测量。其后,哈克又设计制造了具有自动温度补偿功能的气压重力仪[图 1-5(b)]。

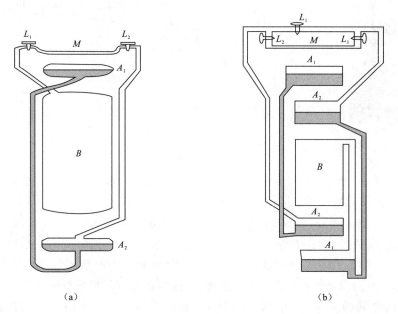

图 1-5 哈克气压重力仪(右图具有自动温度补偿功能)

(注:气压重力仪可归属于弹性重力仪范畴,故列在此处)

格拉夫(Graf)重力仪(图 1-6):德国,1931 年,重力测量精度为 $1\times 10^{-5}\,\mathrm{m/s^2}$,垂直弹簧型,结构最简单,稳定性极佳,但灵敏度低。我国地震部门利用当代先进的电子测量技术,大幅提高了这种结构的分辨率,所研制的 DZW 型固体潮重力仪,目前用于台站重力观测。

哈特雷(Hartley)重力仪(图 1-7):美国,1932 年,重力测量精度为 $1\times 10^{-5}\,\mathrm{m/s^2}$,因首次应用零位读数原理而载入重力测量史册。零位读数原理至今在弹簧重力仪设计中广泛使用。

Humbel(Truman)重力仪(图 1-8):美国,1932 年,重力测量精度为 $0.2\times 10^{-5}\,\mathrm{m/s^2}$,采用了助动结构而具有较高灵敏度,是第一台真正付诸实用的助动型重力仪。

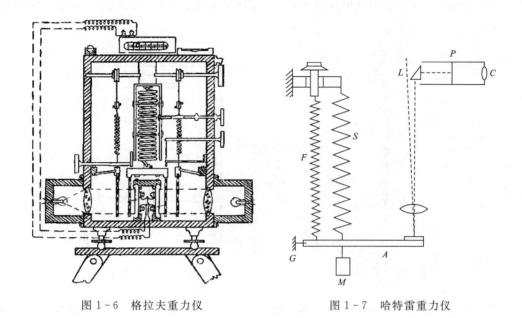

图 1-6 格拉夫重力仪　　　　　图 1-7 哈特雷重力仪

梯申(Thyssen)重力仪(图 1-9)：当年可达到重力测量精度为 $(0.3\sim0.5)\times10^{-5}\mathrm{m/s^2}$，采用类似天平的结构，使用水平零点观测法、弹簧重力补偿，助动装置简单、直观。

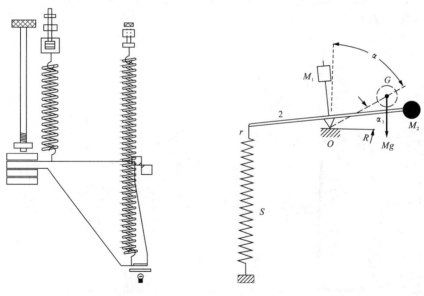

图 1-8 Humbel/Truman 重力仪　　　　　图 1-9 梯申重力仪

海湾(Hoyt)重力仪(图 1-10)：美国，1934 年，重力测量精度为 $0.1\times10^{-5}\mathrm{m/s^2}$，重力变化使片状螺旋弹簧发生旋转，用反光镜测定装置的旋转角度，具有较高灵敏度，美国曾用于大规模石油勘探。

波里登(Boliden)重力仪(图 1-11)：瑞典，1938 年，重力测量精度为 $0.1\times10^{-5}\mathrm{m/s^2}$，对称

安置两条片状弹簧,首次采用静电反馈测量系统,该测量方法在当代自动重力仪中广泛采用。

图 1-10 海湾重力仪

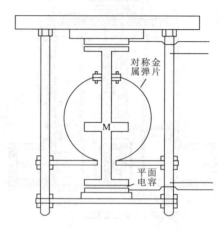

图 1-11 波里登重力仪

莫特·斯密斯(Mott-Smith)重力仪(图 1-12):英国,1938 年,重力测量精度为 $0.1 \times 10^{-5} \mathrm{m/s^2}$,第一台具有完整石英熔融弹性系统的重力仪,奠定了石英作为重力仪弹性系统制作主要材料的地位。

诺伽(Norgarrd)重力仪(图 1-13):瑞典,1938 年,重力测量精度为 $0.1 \times 10^{-5} \mathrm{m/s^2}$,用石英摆和石英扭丝组成灵敏系统,结构简单,观测方式别具一格,采用液体温度补偿方法。在 1950 年代,我国曾使用。

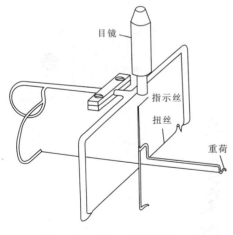

图 1-12 莫特·斯密斯重力仪

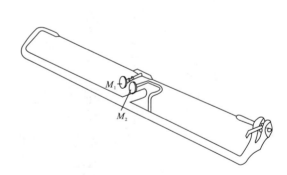

图 1-13 诺伽重力仪

拉科斯特(LaCoste & Romberg)重力仪(图 1-14):美国,1939 年,重力测量精度为 $(0.001 \sim 0.1) \times 10^{-5} \mathrm{m/s^2}$,金属零长弹簧助动型。首创的零长弹簧助动结构被广泛借用,是重力仪设计中最有效、最重要的提高灵敏度的手段;用特殊的杠杆系统进行位移量的辅助放大效果好,其他仪器无法仿造;支点的"虚轴"式独特设计,抗干扰能力强;核心部分纯手工制作,材料的选择及处理过程极为严格,并使用单一恒温点。从 1960 年代起,其陆地重力仪精度达到微伽级($1\times10^{-8}\,\text{m/s}^2$),是当时精度最高的重力仪。拉科斯特系列产品广泛用于陆地、海洋、航空、井中各种环境中的重力测量,目前的台站重力仪 g-Phone 和陆地重力仪 Burris(贝尔雷斯)分别是 L&R-ET 和 L&R-G 的升级产品,其性能指标和实用功能得到了进一步完善,实现了自动化。

北美(North American)重力仪(图 1-15):美国,重力测量精度为 $0.1\times10^{-5}\,\text{m/s}^2$,金属零长弹簧助动型,曾在欧美国家广泛使用,发挥过重要作用,但在我国未见使用。

沃尔登(Worden)重力仪(图 1-16):美国,1944 年,重力测量精度为 $0.03\times10^{-5}\,\text{m/s}^2$,石英零长弹簧助动

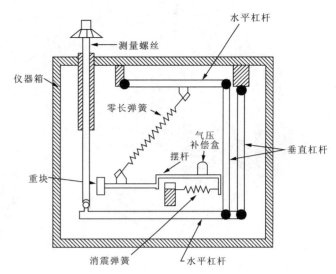

图 1-14 拉科斯特重力仪

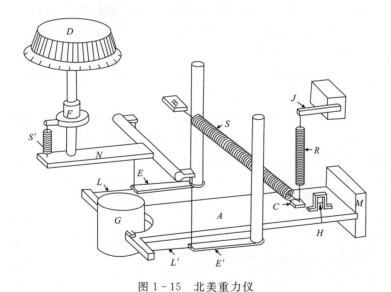

图 1-15 北美重力仪

型。由于其首次有效地解决了石英弹性系统的自动温度补偿问题,而成为重力仪中的佼佼者。这种仪器后来被多个国家所仿制,如加拿大的 CG-2 重力仪(图 1-17)、Sodin 重力仪,我国的 ZSM 重力仪等,至今仍在使用。1980 年代起,加拿大 Scintrex 公司在 CG-2 重力仪的基础上,开发研制的全自动重力仪(CG-3、CG-4 和定型产品 CG-5)代表着当代石英弹簧重力仪的最高水平。

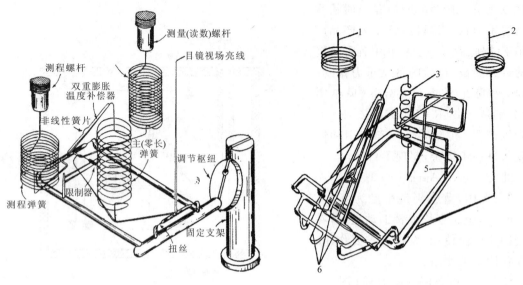

图 1-16 沃尔登重力仪　　　　图 1-17 CG-2 重力仪

阿斯卡尼亚(Askania)GS 型(Graf)重力仪(图 1-18)：德国，重力测量精度为 $(0.003\sim 0.3)\times 10^{-5}\,\mathrm{m/s^2}$，水平对称安置片状螺旋弹簧，具有温度补偿和控制功能，稳定性极佳，是线性弹性系统重力仪的佼佼者。该系列产品型号很多，从 1930 年代起已持续生产和使用很多年，功能和精度水平在不断改善，被广泛用于陆地、海洋、航空等多种环境中的重力测量。我国曾将其用于海洋重力测量(如 GSS-20)和重力台站观测(如 GS-15)，有少数仪器目前仍在使用。

莫洛金斯基重力仪(图 1-19)：苏联，1945 年，重力测量精度为 $(0.1\sim 0.4)\times 10^{-5}\,\mathrm{m/s^2}$，使用环形片状金属弹簧，属线性系统重力仪。以该重力仪为基础，由洛津斯卡亚建议，于 1950 年初通过改进弹簧悬挂方式，而实现了仪器的助动功能，改进后称作 TKA 重力仪。这种弹性系统及其助动结构具有显著的特殊性(图 1-20)，是苏联重力仪的代表作。

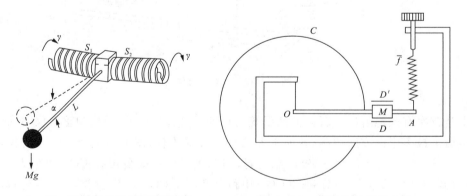

1-18 阿斯卡尼亚 GS 型重力仪　　　　图 1-19 莫洛金斯基重力仪

1939 年，翁文波(1912—1994 年)在英国伦敦大学皇家学院获哲学博士学位后回国，在重庆任中央大学理学院地质系教授，在国内首次开设地球物理勘探课程。1940 年起，翁文波在

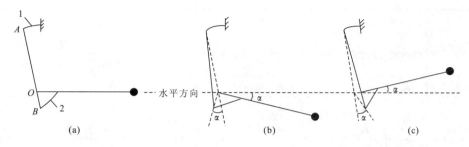

图 1-20　TKA 重力仪助动原理

玉门油矿试验重力勘探方法,使用的就是他在英国亲手制造的零长弹簧助动型重力探矿仪(金属弹簧),这是最早由中国人制造的重力仪,重力测量精度为$(0.1 \sim 0.2) \times 10^{-5} \mathrm{m/s^2}$。

1938年,中央地质调查所派往德国学习地球重力学的方俊(1904—1998年)回国,在重庆中央大学地理系任教,讲授重力测量学与地图投影学,不久兼任同济大学教授。1957年,中国科学院在武汉建立测量与地球物理研究所,方俊任所长。1981年,由方俊提议并辗转引进了我国最早的2台拉科斯特G型重力仪。

2. 弹簧重力仪分类

弹簧重力仪主要指利用以弹簧、扭丝等机械弹性元件作为重力传感器件,用于直接对重力值的变化量(相对重力值)进行测量的重力测量仪器,也称作弹性重力仪。这类仪器体积小、重量轻,适于野外流动重力测量,是重力勘探的主要设备,也是重力测量仪器中数量占绝对多数的仪器,通常被直接称作重力仪。

历史上弹簧重力仪品种很多,按平衡体位移方式可分为平移式和旋转式;按弹性元件种类可分为扭丝式、弹簧式和弹片式;按弹簧制作材料可分为金属弹簧和石英弹簧重力仪;按弹簧材料形制分为线状弹簧和片状弹簧;按有无助动功能分为线性和助动式重力仪;按助动方式分为零长弹簧助动和其他助动式重力仪,见表1-2。

由表1-2可知,旋转式零长弹簧助动重力仪居多,在当代仍广泛使用的仪器中仅阿斯卡尼亚重力仪是例外,可见这种设计的优越性。

旋转式零长弹簧助动重力仪设计方案是 Lucian LaCoste(拉科斯特重力仪的设计者)于1934年首次提出的。这种助动方式的实现要求使用"零长弹簧"(制作工艺比较复杂),通过结构设计完成,由于无需增加专门的助动装置而被称作"自动助动结构"。通过调整弹簧上端点的位置,可以方便地使系统达到任意所需的灵敏度值,理论上无上限,故在其后大多数重力仪的设计中被广泛采用。

3. 弹性材料的选择

在弹性系统材料的选择上,早期重力仪以金属弹簧为主,在石英制作工艺成熟,以及1944年美国人Worden有效地解决了石英弹性系统的自动温度补偿问题之后,形成了金属和石英弹簧并用局面。金属弹簧重力仪的零位漂移小,仪器寿命长,且不易损坏;而石英弹簧重力仪在野外工作中较容易被损坏,优点是整体熔融石英结构的稳定性较好,自动温度补偿技术的使用,使其零位漂移性能得到极大的改善。二者的主要差别见表1-3。

表 1-2　代表性弹簧(弹性)重力仪的分类

重力仪名称	位移方式		弹性元件种类			弹性材料		弹簧材形		助动方式	
	平移式	旋转式	扭丝	弹簧	弹片	金属	石英	线状材料	片状材料	零长弹簧	其他助动
格拉夫	▲			▲		▲		▲			
哈特雷		▲	▲			▲		▲			
Humbel		▲	▲			▲			▲		▲
梯申		▲	▲			▲					▲
海湾		▲		▲		▲		▲			
波里登	▲										
莫特·斯密斯		▲	▲			▲		▲			▲
诺伽		▲									
阿斯卡尼亚 GS 型*		▲		▲		▲			▲		
拉科斯特*		▲		▲		▲		▲		▲	
g - Phone*		▲		▲		▲		▲		▲	
贝尔雷斯*		▲		▲		▲		▲		▲	
北美		▲		▲		▲		▲		▲	
莫洛金斯基		▲			▲	▲			▲		
TKA		▲			▲	▲			▲		▲
沃尔登*		▲		▲			▲	▲		▲	
ZSM/Z400*		▲		▲			▲	▲		▲	
环球/CG-2*		▲		▲			▲	▲		▲	
CG-5*		▲		▲			▲	▲		▲	
Sodin*		▲		▲			▲	▲		▲	

注:仪器名称后有"*"者为当代主流重力仪,或仍在使用的旧式重力仪。

由于金属和石英材料通常具有约 10^{-6} 量级的热膨胀系数,金属和石英弹簧分别具有 $\pm 20 \times 10^{-6}$ 量级和 -120×10^{-6} 量级的热弹性系数,故重力仪的观测结果受温度影响十分显著,须加以严格控制。历史上,重力仪的控温方式主要有:①用冰水混合物控制在 0 ℃;②作温度校正或混合零位移校正;③采用专门结构或介质进行温度补偿;④以隔热和真空设计为辅助手段,进行电子恒温控制(为节省电能,早期曾使用多个温度档)。

为追求控温效果,当前重力仪一般使用一个最佳控温点(被调整到 50 ℃左右),控温精度为 ± 0.001 ℃,并且经常采用多重恒温控制手段。

温度变化对石英弹簧的弹性系数影响非常大(约 -119×10^{-5} m/s² · ℃),故当代石英弹簧重力仪(如 CG-5),在使用了 Worden 的温度补偿机构基础上,再进行恒温控制。金属弹簧的热弹性系数较小,在材料的合理选择和加工处理的基础上,直接进行恒温,便可以使重力仪达到所需控温效果。

表 1-3 金属弹簧重力仪与石英弹簧重力仪的比较

项目名称	金属弹簧重力仪	石英弹簧重力仪
弹簧材料处理	周期长,工艺复杂	简单
昼夜漂移	小	大
弹性后效	大	小
弹性疲劳	小	大
外壳变形影响	有	无
热弹性系数	小	大
热膨胀系数	大	小
体积、质量	一般较大	小
真空度要求	不高	高
阻尼、气压补偿	需要	不需要
温度补偿机构	一般没有	有
恒温点	1个	1个、多个,或不恒温
直接测量范围	大	一般较小
易损程度	小	大
修理、增加装置	方便	不便
整体结构	复杂	简单,较稳定
仪器寿命	可以很长	一般不长

4. 弹簧重力仪的观测方法

弹簧重力仪所采用的观测方法有以下 3 种。

(1)任意位置观测:直接观察并测量平衡体所在位置,根据其位移量(线位移或角位移)直接换算成重力变化值。这种观测方法,适用于线性弹性系统的重力仪,在需要进行连续观测的场合应用有一定优势。

(2)水平零点观测:对测量弹簧的张力进行调整,实现对重力变化的补偿(将平衡体置于水平位置,即进行"归零"操作);同时测定进行重力补偿时弹簧上端点的垂向位移量,并将其换算成重力变化值。对于旋转式弹簧重力仪,由于水平零点的倾斜灵敏度为最小(仪器置平及"归零"误差对结果影响最小),故当代拉科斯特、g-Phone 和 CG-5 等主流重力仪均采用这种观测方法。

(3)平行零点观测:瑞典生产的诺伽重力仪通过调整仪器的倾角对重力变化进行补偿,将被观测的活动平面调整到与固定的参考平面相平行(平行零点),根据测量到的补偿倾角,可直接换算成重力变化值。

线性弹性系统重力仪的灵敏度低,相对于同样重力变化,其位移量小。以格拉夫重力仪(直线弹簧式)为例,其位移灵敏度仅约每 $1\times 10^{-5}\,\mathrm{m/s^2}$ 为 $0.2\,\mu\mathrm{m}$。而助动型重力仪如 ZSM、Worden 等,平衡体位移灵敏度约为线性弹性系统的数百倍,只要经几百倍光学放大便可凭肉眼直接观测到平衡体的位移量。

历史上多数重力仪采用水平零点观测法,重力补偿方式以测量弹簧为主,并使用方便的肉眼光学观测手段。只有极少数重力仪使用静电力反馈重力补偿和电容位移检测的测读系统

(波里登重力仪),尽管该方法较准确,易实现自动记录,但对于当时的测量精度要求而言意义不明显,光学观测手段更方便、可靠和快捷。

在拉科斯特、贝尔雷斯、g-Phone 等当代金属弹簧重力仪中,由于平衡体较重,而采用弹簧和静电反馈并用方式。石英弹簧重力仪 CG-5,则完全使用静电反馈方式进行重力补偿。在观测方式上,基本摒弃了前期肉眼光学观测,普遍运用电容位移检测手段。这种以静电力补偿、电容位移检测的组合的选择,有利于实现重力仪的数字化和自动化,同时减小人工光学观测引入的误差,并提高观测效率。

以 CG-5 重力仪为例,当代重力仪已经实现了数字调平、自动观测记录和自动校正处理(倾斜、温度、固体潮、漂移)等功能,是名副其实的全自动重力仪。其重力直接测量范围达到 $8000 \times 10^{-5} \mathrm{m/s^2}$,覆盖全球表面。

六、其他重力测量原理

除了使用弹簧、弹片、扭丝等机械元件进行静力平衡式相对重力仪设计外,1940 年代以后,还出现了一些用其他原理设计的相对或绝对重力仪。其中,各时期最新技术的运用成为了主旋律(当前使用的部分仪器见本书附图)。

1. 振弦重力仪

该重力仪的原理首先是 1938 年由法国科学院的贝尔特朗(G. Bertrand)提出的,以测定磁场中片状金属弦在不同张力(重力)作用下其振动频率的变化,来确定相对重力变化(原理与琴弦在不同张力下振动,发出不同频率的声音相同),如图 1-21 所示。当时较先进的电子测频技术及器件的发展(1960 年代的测频精度已达到 10^{-8} 以上),为这种设计达到重力测量的要求奠定了重要基础。

振弦重力仪主要用于海洋和井中重力测量。其中,海上仪器于 1940 年代末研制,达到 $(1\sim2)\times10^{-5}\mathrm{m/s^2}$ 精度;井中仪器 1950 年代研制,精度为 $(0.01\sim0.1)\times10^{-5}\mathrm{m/s^2}$。代表性的仪器有:吉尔伯特重力仪(1949 年设计,用于潜水艇重力测量),AMBAC 振弦加速仪(美国麻省理工学院设计,用于海洋重力测量),以及英国为井中重力测量设计的 Shell(1964 年)和 Esso 振弦重力仪(1966 年)。我国 1970 年生产的 ZY70-1 型海洋重力仪也属于此类,曾用于南海的海洋考察(图 1-22)。

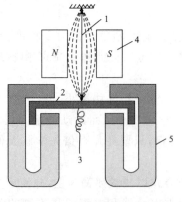

图 1-21 振弦重力仪原理

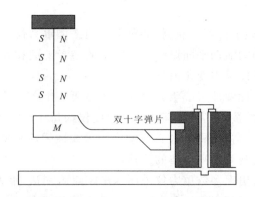

图 1-22 ZY70-1 型海洋重力仪

利用振弦原理,俄罗斯研制了 GT-1A 和 GT-2A 航空重力仪。2000 年前后,又在 GT-2A 的基础上开发了 GT-2M 海洋重力仪。GT-2M 继承了 GT-2A 的宽动态范围、高稳定平台、先进电子控制等优点,在作业条件要求方面(海况、船舶等),较其他海洋重力仪有更好的适用性。其主要性能参数如动态范围、空间分辨率、噪声等级、移动速度、倾斜宽容度等,均优于其他在用的海洋重力仪(LCR-ZLS 海洋重力仪、KSS-32 海洋重力仪等),充分显示了振弦原理在海洋和航空重力测量中的优势,其主要性能指标如表 1-4。

表 1-4 GT-2M 海洋重力仪参数

技术性能	参数指标
测量范围	$10\,000 \times 10^{-5}$ m/s^2
动态范围	$\pm 1g(1000\text{ Gal})$
灵敏度	0.1×10^{-5} m/s^2
分辨率	0.01×10^{-5} m/s^2
精度(在海上)	0.20×10^{-5} m/s^2
月漂移值	$\leqslant 3.0 \times 10^{-5}$ m/s^2
采样率	$0.1 \sim 2$Hz$(0.5 \sim 10\text{s})$
4 个同步可编程过滤器	ex. settings:300s,450s,600s,900s
横向摇摆角度	$\pm 45°$
纵向倾斜角度	$\pm 45°$
设备储存环境	空气温度:$-30 \sim 50℃$;相对湿度:90%(无冷凝)
设备工作环境	空气温度:$10 \sim 35℃$;相对湿度:85%(无冷凝)
工作状态(供电)	150W,27Vdc
待机状态(供电)	50W,27Vdc
质量(含底座)	153.5kg
主体尺寸	400mm×400mm×600mm
底座尺寸	600mm(直径)×300mm(高度)
陀螺平台使用寿命	30 000h(DTG),14 000h(FOG)

2. 激光绝对重力仪

1960 年,激光绝对重力仪随激光技术出现开始研制。根据自由落体定律,在落体自由下落时用激光测距,原子钟计时,完成重力全值测定,目前已达到 $(2 \sim 5) \times 10^{-8}$ m/s^2 测量精度。这类仪器在全球和国家重力基准网建立及监测中占有重要地位。

1980—1990 年,日本和法国曾联合研制了上抛-自由下落式(或称为对称自由运动式)激光绝对重力仪,原理上可以抵消单纯自由落体运动时所受到的空气阻力的影响,认为精度高于自由下落式的仪器。但其因装置复杂、干扰因素多,多次国际比测并无明显优势等原因,而被逐渐放弃。

目前已经掌握这类仪器设计制作技术的国家主要有美国、法国、日本、中国、意大利、俄罗斯等。其中,美国的 FG-5 和 A-10 两种仪器(它们的前身为 Jila,A-10 便于移动)已实现商品化生产,精度分别达到$(2\sim5)\times10^{-8}\text{m/s}^2$和$(10\sim15)\times10^{-8}\text{m/s}^2$。截至2010年,国内累计引进6台。自由下落式仪器的原理和基本结构见图1-23,主要由上部的落体室和下部的激光干涉器组成。

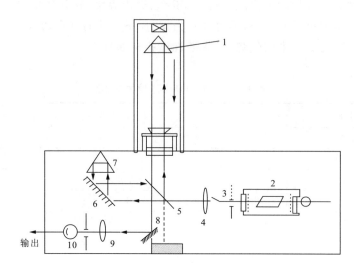

图1-23 激光绝对重力仪结构

我国计量科学院从1965年开始研制激光绝对重力仪,1975年成果验收时,样机达到$\pm0.1\times10^{-5}\text{m/s}^2$的精度。1985年的NIM-Ⅱ型仪器在巴黎举行的第二次国际绝对重力仪比测中,已经达到了相当高的水平,精确度达$\pm0.014\times10^{-5}\text{m/s}^2$。

3. 超导重力仪

1960年随超导应用技术的出现,美国和日本率先将其引入重力仪的研制。美国加利福尼亚大学的研制工作从1964年开始,1975年研制完成,使用铌、铝、铅等超导材料,应用其在温度接近绝对零度条件下的零电阻效应,制成具有高稳定性的"磁弹簧"的弹力与重力进行平衡,用电容位移传感器实现连续自动观测。目前主要仍使用液氦作为冷却剂,具有$0.001\times10^{-8}\text{m/s}^2$的分辨率,测量精度达0.1%(观测精度约$\pm0.2\times10^{-8}\text{m/s}^2$),零位变化仅约为每年$10\times10^{-8}\text{m/s}^2$,大约是最好的弹簧重力仪的1%。

超导重力仪具有高灵敏度、高稳定性(由超导体的完全抗磁性,即"迈斯纳效应"所决定)、高精度和极微小的零位变化等优点;但由于仪器体积大、附加设备较多、运行成本高等原因,而仅用于固定台站观测。

目前美国的GWR型超导重力仪已经实现了适当的小型化,维护成本大幅降低。随着高温超导技术的发展,这类重力仪将有很大的改进空间和应用前景。

4. 原子干涉绝对重力仪

激光冷却、激光囚禁原子和玻色-爱因斯坦凝聚,是近20年来实验物理学最重大的成就之一。基于这些成就发展起来的原子干涉技术能够研制出高精度的冷原子陀螺仪、冷原子加速度计、冷原子重力仪和冷原子重力梯度仪。

1989年,美国斯坦福大学朱棣文研究组首先实现中性钠原子的激光存储和激光冷却。因成功实现了激光冷却囚禁原子的方法,朱棣文本人获得1997年诺贝尔物理学奖。他将此方法用于重力加速度测量也获得了成功,据他估算的绝对重力测量精度可达 $3\times10^{-8}\,\mathrm{m/s^2}$。

将原子干涉法的测得结果直接与FG-5绝对重力仪测得的结果(精度为 $2\times10^{-8}\,\mathrm{m/s^2}$)进行比对表明:作用在原子上的地球重力与作用在宏观物体上的重力没有差别,即重力对原子的作用与对棒球的作用是相同的,被称为"现代比萨斜塔实验"。

附图中有已经商品化的、由法国生产的 MUQUANS 原子干涉绝对重力仪。该仪器测量频率为 2Hz,分辨率为 $\pm 1\times10^{-8}\,\mathrm{m/s^2}$,测量精度为 $\pm(2\sim5)\times10^{-8}\,\mathrm{m/s^2}$。

七、实验报告编写(思考题)

(1)简述重力测量所使用的物理原理。
(2)分析论述零长弹簧助动型重力仪的原理及其优势。
(3)简述当代主要重力仪的特性和应用领域。

实验二 LaCoste – Romberg 重力仪操作与检查

一、实验内容和要求

(1) 认识 LaCoste – Romberg(简称 LCR)重力仪的主要结构和各部分的工作原理。
(2) 掌握仪器操作方法和步骤,以及重力仪使用和维护的一般技术原则。
(3) 了解该仪器的检查方法、外部调节的内容及方法原理。
(4) 掌握根据仪器读数、格值表及比例因子,进行重力值换算的方法。

二、LCR 重力仪的原理、结构及技术参数

(一) LCR 重力仪概述

实验使用的 LCR 重力仪,是一种用金属弹簧制作的相对重力仪,是美国 LaCoste 仪器公司制造的经典型号陆地重力仪。仪器的主体部分包括 3 个核心单元:①基于静力平衡原理的弹性系统,又称为灵敏系统,以金属弹簧作为弹性元件感受重力变化,由机械制动装置进行保护;②测读机构,用光学系统观测弹性系统中平衡体位置的微小变化,并调整测微螺旋进行重力补偿(与机械式计数器连接),用水平零点读数法测量出重力变化值,即重力补偿值;③其他功能保障单元,由保温充填、电子恒温、磁屏蔽、密封盒、水平调整螺杆、水准器、电子读数指示器(检流计)、电瓶以及金属外壳等组成。

仪器结构分为外壳和内盒两大部分:外壳部分包括仪器面板、绝热填料、电子部分、恒温装置、水平调节螺旋及温度计;内盒包括磁屏、弹性系数、光学系统和测微系统。仪器板面(图 2-1)上有纵水准器窗、横水准器窗、读数旋钮(度盘)、机械计数器、夹固螺旋、水准器调节孔、测程调节孔、检流计、检流计的灵敏度及零位调节孔等(有的仪器还有阻尼按钮和液晶数字显示器)。

LCR 陆地重力仪主要有 G 型(大地型)和 D 型(勘探型)两种,其主要性能指标及与仪器使用有关的技术参数见表 2-1。以下是有关重力仪的几个基本概念。

1. 灵敏度

一定重力变化所能引起平衡体偏角的变化大小称为角灵敏度,偏角越大,说明仪器的灵敏度越高。由于平衡体偏角的变化可以用刻度片上指示丝的位移量表示,故重力仪的灵敏度也可用位移灵敏度衡量。LCR - G 型和 LCR - D 型重力仪的灵敏度,通常调整至每 $1\times 10^{-5}\,\mathrm{m/s^2}$ 重力变化对应光学视场中指示丝移动 10 小格。

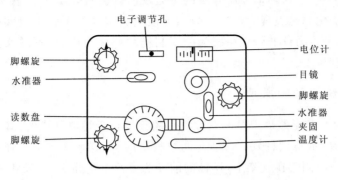

图 2-1 LCR 重力仪板面示意图

表 2-1 LCR-G 型和 LCR-D 型重力仪主要性能参数

主要性能指标	LCR-G 型重力仪	LCR-D 型重力仪
计数器范围	0~7000 格	0~2000 格
格值	每格约 1.0×10^{-5} m/s²	每格约 0.12×10^{-5} m/s²
格值分段	100 格	100 格
直接测量范围	约 7000×10^{-5} m/s²	约 240×10^{-5} m/s²
最小读数分划	约 10×10^{-8} m/s²	约 1×10^{-8} m/s²
零位变化	每月约 1×10^{-5} m/s²	每月约 1×10^{-5} m/s²
光学灵敏度	每 1×10^{-5} m/s² 调至 9~10 格	每 1×10^{-5} m/s² 调至 9~10 格
典型测量精度	$\pm(10 \sim 20) \times 10^{-8}$ m/s²	$\pm 10 \times 10^{-8}$ m/s²
零点位置(仪器间有差别)	G-929 在 3.0~3.1 之间	D-159 在 2.5~2.6 之间
读数记录位数(至 1×10^{-8} m/s²)	整数 4 位,小数 3 位	整数 4 位,小数 2 位
读数方式	G-929 光学读数	D-159 光学读数、电子读数
读数重复性	10×10^{-8} m/s²	5×10^{-8} m/s²
工作电源	直流电 12V	直流电 12V
仪器净重/含仪器箱和蓄电瓶	3.2kg/8.5kg	3.2kg/8.5kg

2. 零点读数法

选取平衡体的某一位置作为测量重力变化的基准位置,即零点位置。观察到重力变化后,用重力补偿方法将平衡体调回零点位置,前后两个读数的差值反映了重力补偿值,即重力变化。当零点位置选定为水平位置时,零点读数法称作水平零点读数法。水平零点位置具有最小倾斜灵敏度,进行观测时仪器置平和零点对准误差,对测量结果的影响最小。采用零点读数法,可使仪器的灵敏度稳定,获得等精度的测量结果。

3. 零点漂移

重力仪的弹性元件在长期受力情况下会产生弹性疲劳,并持续发生具有不可逆性的蠕变

(稳定的微小永久形变)。这种形变所导致的重力仪读数长期持续变化,称为重力仪零点漂移。从长期来看,这种变化总是表现为仪器读数的逐渐增大。漂移率较小,且线性度高的重力仪,通常精度较高。由于重力仪的弹性系统为手工制作和调试而成,故不同仪器之间漂移性能存在一定差异,有时较显著。

(二)弹性系统结构和原理

LCR 重力仪的弹性元件是用温度系数最小的镍基合金材料制成的,其弹性系统结构如图 1-14 所示。平衡体(或称摆杆)的一端,与两根很细的、具有平衡体旋转轴功能的减震弹簧相连,减震弹簧的另一端固定在支架上,摆杆的前端为重荷。主弹簧(零长弹簧)一端连接在平衡体的重心位置处,另一端固定在上方的水平杠杆之上。

测量装置是由测微器(包括减速齿轮盒和测微螺旋)及其所控制的一个杠杆传动系统组成(包括 2 根水平杠杆和 2 根垂直杠杆)。当重力变化时,平衡体将发生偏转,这时可以旋转测微螺丝(度盘),使下方水平杠杆向上或向下倾斜,并通过垂直杠杆的传动,使上方的水平杠杆产生偏转,从而带动主弹簧上端点发生位移,达到使平衡体恢复到零点位置的目的。当选择水平位置作为零点时,即实现了水平零点读数。此时,可由读数装置(机械计数器和度盘指示)读出与重力变化相应的仪器读数变化值。

LCR 重力仪的弹性系统置于一个相对密封的常压容器中(并非真空)。在平衡体后部安装了一个气压补偿盒,以消除容器内由于平衡体支点两边空气浮力力矩的差异而引入的误差。

LCR 重力仪弹性系统的平衡原理,可以简化为如图 2-2 所示形式。其中,O 为摆臂的可旋转支点,将其设为坐标原点,水平方向为 X 坐标轴方向,垂直向上为 Y 坐标轴方向。主弹簧(零长弹簧)的上、下端点分别为 A 和 B 点,上端点位于 Y 轴之上。L 为主弹簧(零长弹簧)的长度,K 为其弹性系数。$OA=OB=b$,l 为旋臂长度,α 为旋臂与 Y 轴的夹角。KL 为弹簧张力,Mg 为旋臂所受的重力。

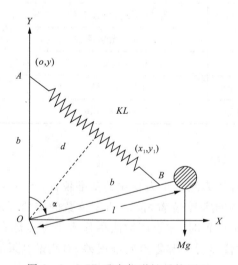

图 2-2 LCR 重力仪弹性系统原理

其平衡方程式为：
$$Mgl\sin\alpha = KLd \tag{2-1}$$
式中：d 为原点 O 至主弹簧中轴线的垂直距离。

因为 A 点坐标为 (o,y)，B 点坐标为 (x_1,y_1)，则由：
$$d = \frac{x_1 y - x y_1}{L} = \frac{x_1 y}{L} \tag{2-2}$$

代入式(2-1)中，便有：
$$Mgl\sin\alpha = Kx_1 y \tag{2-3}$$

因为
$$x_1 = b\cos(\frac{\pi}{2} - \alpha) = b\sin\alpha \tag{2-4}$$

代入式(2-3)中，得到：
$$Mgl = Kby \tag{2-5}$$

所以
$$\frac{dg}{g} = \frac{dy}{y} \tag{2-6}$$

这即是零长弹簧重力仪测量相对重力值的原理表达式。其物理含义概括为：零长弹簧重力仪进行相对重力测量时，弹簧上端点的垂向相对位移量与所补偿的相对重力变化量相等，亦即重力差可以用弹簧上端点的垂向相对位移量表示，二者呈线性关系。

将式(2-3)对变量 g、α、x_1 进行微分，可以得到：
$$Mgl\cos\alpha d\alpha + Ml\sin\alpha dg = Ky dx_1 \tag{2-7}$$

因为
$$dx_1 = b\cos\alpha d\alpha$$

故上式经整理后可以写作：
$$\frac{d\alpha}{dg} = \frac{Ml\sin\alpha}{(Mgl - Kby)\cos\alpha} = \frac{Ml}{(Mgl - Kby)}\tan\alpha \tag{2-8}$$

可见，采用水平零点读数法进行观测时，因 g 和 y 的相对变化量极其微小，故式(2-8)右边实际上只有 α 一个变量。若使 $\alpha \to \pi/2$，仪器灵敏度将趋于无穷大。

上述式(2-8)，称为零长弹簧助动型重力仪的灵敏度公式。重力仪的灵敏度过高，会使系统处于不稳定状态，不利于取得高精度的测量数据。因此，在实际仪器中，总是将灵敏度调整至一个可以方便取得稳定测量结果的较高灵敏度水平，即 α 角调到接近 $\pi/2$ 水平。通常，LCR 重力仪弹性系统具有 16s 左右的自由振荡周期，而普通石英弹簧重力仪约为 8s，LCR 重力仪灵敏度高于后者。

（三）测读系统

LCR 重力仪采用水平零点读数方法，即通过手工转动测微度盘驱动齿轮减速箱，带动精密测微螺丝和测量杠杆系统，而改变主弹簧上端点位置（垂向移动），使平衡体恢复到水平零位，并通过机械计数器及测微度盘进行读数。老式仪器仅用光学显微镜观察摆位，后期增加了电容位移传感器和电子测量系统观测平衡体位置。

光学系统结构如图 2-3(b)所示。仪器侧面圆形铝片内设有照明灯泡，光线通过聚光镜照射到摆杆上安置的指示丝上，再通过物镜、反光镜使指示丝的影像投射到透明刻度尺上。目镜视场内见到的图像如图2-3(a)所示。照明灯泡的另一路光线射到水准器下面的棱镜上，再向上反射照亮水准器。视场内刻度尺有50分划（两端各有几个分划通常是看不见的），但指示丝在目镜视场内总移动量通常只有15～20格。

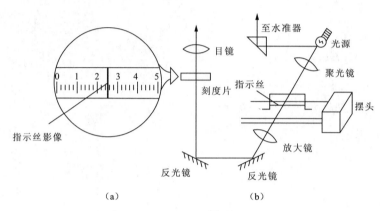

图2-3 光学系统结构示意图
(a)光路图；(b)目镜视场

电子读数装置利用一个电容位移传感器，把摆杆位置的变化转化为电压幅度的变化。电子读数的分辨率较高，仪器板面上所装的检流计可以显示电容电桥的输出电压值，用来观察平衡体位置。检流计可以进行零点和灵敏度调节，通常调整到水平零点位置对应输出电压值为零（检流计正中长刻度处），检流计指针移动1小格对应重力变化$10 \times 10^{-8} \mathrm{m/s^2}$左右。观测时旋转测微轮，对电容电桥的输出电压值进行归零操作（重力补偿），并记录经过归零后仪器计数器和测微度盘的位置，以此作为仪器读数。

图2-4为电容传感器原理图。A即M为平衡体负荷，A_1、A_2为2个金属极板与A的上下导电表面（互不导通）组成两个平行极板电容器C_1和C_2。Z_1和Z_2为电桥中2个阻抗相同的负载。V_i为输入的电源讯号，V_0为输出信号。当A位于A_1和A_2正中间时，$C_1=C_2$，$Z_1C_1=Z_2C_2$；这时，电桥平衡，无输出（$V_0=0$）。当重力发生变化时，负荷A有位移，使$C_1 \neq C_2$，输出端便有电讯号输出。位移传感控制器框图如图2-5所示。

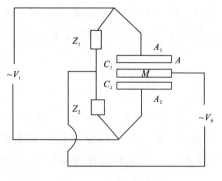

图2-4 电容电桥原理

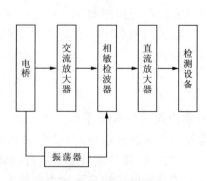

图2-5 位移传感控制器

具有电子读数功能的 LCR 重力仪,都有一个与检流计并联的电压输出口(CPI,在仪器外壳右边),用户可以使用数字电压表进行数字归零观测,以回避对检流计指针肉眼观察的误差。通常,在数字电压表之前,信号应先经过一个低通滤波器(厂家不提供)。

仪器内部杠杆系统的主要作用是放大主弹簧的伸长量,放大倍数为 $114 \approx 20/0.175$ (即当 G 型重力仪的直接测量范围为 7000×10^{-5} m/s² 时,主弹簧上端点变化量仅为 0.175mm,而精密测微螺丝螺杆行程为 20mm)。两根水平杠杆与垂直杠杆和测量螺杆之间都采用簧片连接,以消除各连接处的间隙影响。如前所述,7000×10^{-5} m/s² 的量程相当于测微螺杆行程 20mm,亦即 1×10^{-8} m/s² 的重力变化相应的螺杆位移为 $0.0028\mu m$。可见,测微螺杆必须是十分精密的。

螺杆和测量杠杆的连接:螺杆的下端镶有一个硬质金属环或宝石环,其中心应与下水平杠杆顶面处的金属球保持良好的耦合。减速器有两组齿轮,如图 2-6 所示。新老两种仪器齿轮比不一样,新仪器(G458 号以后)速比为 73.333:1,老仪器速比为 70.941:1。计数器与读数度盘相连接,G 型重力仪的度盘旋转一周(100 格),计数器进一个个位,图 2-6 上所示读数为 4268.850。D 型仪器的测读系统与 G 型仪器类同,但减速器齿轮的减速比大 10 倍,同时格值约小 10 倍。

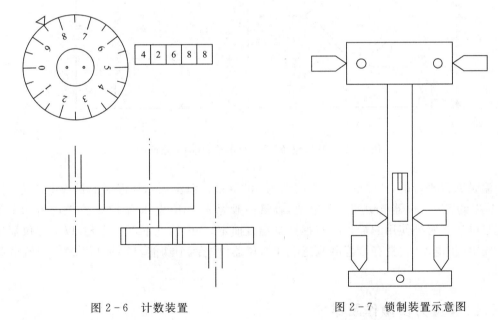

图 2-6 计数装置　　　　　图 2-7 锁制装置示意图

D 型仪器的直接测量范围为 2000 格(仅约 240×10^{-5} m/s²),为了达到在全球地表进行测量的目的,在平衡体重心附近悬挂一测程弹簧,其上端通过传动装置与测程调节端口(螺丝)相连,以起到调整仪器直接测量范围的作用。

应着重指出,LCR 重力仪的弹性系统必须在平衡体被锁制(俗称夹固)状态下才能进行搬运(移动)。在未经锁制状态下移动仪器,定性为重力仪操作事故。一旦发生这种事故,轻者会使仪器性能发生重大改变(巨大的零位突变或格值变化),重者可能完全损坏弹性系统,仪器便无法继续使用。

LCR 重力仪的锁制装置是一个极精密的机械装置,采用了 6 个限位点(锥形)和 3 个制动点(圆点)作限位和制动(图 2-7)。打开锁制(使平衡体处于自由状态)时,可逆时针旋转面板上的制动螺旋,直至完全放开平衡体为止(即将制动螺旋旋至尽头);锁制时则顺时针旋转制动螺旋至尽头。操作夹固装置时,动作一定要缓慢均匀,否则会影响仪器的正常工作状态。

(四)恒温系统

为了使仪器在恒温下工作,拉科斯特 D 型和 G 型重力仪内部设置了单层恒温装置。外壳和内盒之间充填有保温隔热材料,面板下面各部件之间充填的保温材料为丝棉。

热敏电桥及恒温控制的简化电路如图 2-8 所示。图 2-8(a)是温控部分:R_4 为热敏电阻,R_1 和 R_2 为固定电阻,R_3 为可调电阻。图 2-8(b)是加热部分:1 为控制放大器,2 为功率放大器,3 为加热电阻丝(15Ω)。当仪器处于恒温温度点时,热敏电桥达到平衡,无电讯号输出,即 $V_0=0$,这时通过加热电阻丝的电流为零。当低于恒温温度点时,电桥失衡,有电讯号输出,$V_0 \neq 0$,这时有电流通过加热丝,维持仪器处于恒定温度。

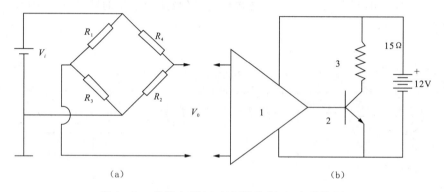

图 2-8　热敏电桥(a)和恒温控制(b)电路简图

加温是断续进行的,仪器的恒温温度约为 50℃(最佳恒温点),加温时的最大电流为 0.7~0.8A,功率约 8W。仪器电源使用蓄电池,容量一般为 7.5Ah,电压为 12V(充满电可达 14V)。一次充足电后在野外使用的最长时间视环境温度而定,一般情况下可工作 8h 以上。仪器还专门配有充电-供电器,它具有给蓄电池充电和给仪器供电两个功能,110V 和 220V 交流电源均可使用。

三、LCR 重力仪操作及维护

重力仪使用前,需提前把它加热到恒温温度,并使其稳定 3 天以上(时间越长,仪器的漂移越稳定)。同时对仪器进行检验调整,使其处于正常工作状态。LCR 重力仪工作期间应始终保持其恒温温度,不能断电。

1. LCR 重力仪操作步骤

(1)将底盘平稳地放在观测点上,尽量使底盘中间水泡大体居中(放平)。

(2)将仪器从箱内取出,注意不要与仪器箱发生碰撞,轻缓平稳地放在底盘中央,可适度利用底盘凹面将仪器大致置平,打开照明开关。

(3)利用水平调节螺丝,使仪器面板上的横向、纵向两个气泡都准确调节居中。

(4)逆时针旋转夹固旋钮,注意均匀转动至尽头,使仪器松摆。

(5)静候数秒后,由目镜观察指示丝位置,顺时针转动读数盘使其从左到右精确地对准读数线(即水平零点位置)。

(6)若指示丝位于读数线右侧,则先逆时针旋转读数盘,使其回到读数线左侧,再顺时针转动读数盘,使指示丝从左到右精确地对准读数线。为了尽可能消除螺距差的影响,合理的操作规程一般要求在获取读数之前,G型仪器的读数盘至少已经沿顺时针方向旋转了2圈以上,D型仪器4圈以上。

(7)读数方法:指示丝与读数线(零点位置)对准后,先读计数窗内的整数4位,再读度盘上的小数部分。读数盘刻度为100分划,D型重力仪读至2位小数(末位无需估读),G型重力仪读至3位小数(末位需要估读),末位的1个数均约为$1\times10^{-8}\ m/s^2$。

(8)逆时针旋转读数盘数圈,使指示丝向左侧偏离读数线,重复上述步骤,进行重复读数;直至取得的连续3个读数的最大差值小于读数重复精度为止(G型仪器为$10\times10^{-8}\ m/s^2$,D型仪器为$5\times10^{-8}\ m/s^2$),并依次记录每次观测值及观测结束时间。

(9)测量结束后,顺时针转动夹固旋钮(关摆)、关灯,把仪器放回仪器箱。

2. 重力仪使用注意事项

(1)重力仪属于精密易损仪器,轻拿轻放,严禁碰撞;取出和安放仪器时要小心、动作轻缓,防止无关人员靠近仪器。

(2)运输和使用过程中,经常检查仪器箱的提把、背带、挂钩等是否牢固,以消除隐患;人工运输或取出、放回仪器箱时,严禁大角度倾斜、横置和倒置。

(3)汽车运输过程中注意使用防震垫,并尽量保持仪器处于直立状态。

(4)防水、防晒:要避免阳光直晒和雨淋,野外作业时要给重力仪遮阳。

(5)仪器调平后方可开摆,关摆后方可移动,读数中严禁非操作员触碰仪器。

(6)仪器经使用后应及时对电瓶进行充电,经常检查仪器供电状况及恒温温度。

四、检查与调节方法

LCR重力仪检查和调节的内容包括:纵、横水准器的检查与调节,灵敏度的检查和调节,检流计灵敏度及零位的调节,以及D型仪器的测程调节。

1. 仪器测程的调节(仅对D型仪器)

当工区转移或测区内重力变化较大时,在仪器的直接测量范围内已无法将指示丝调回到读数线(零点位置),光学显微镜中指示丝紧贴在左端或右端限制位上之时,需要进行仪器测程的调节,步骤如下:

(1)将仪器摆放在底盘上,调水平。先将计数器旋转至所拟调到的读数位置上(一般是计数器的中间读数附近)。

(2)打开测程调节孔挡板,用螺丝刀旋转测程螺旋。如果指示丝在读数线左侧,则按顺时针方向转动调整,直到指示丝移动至读数线附近为止;反之,若指示丝在零线右侧,则沿逆时针方向转动调整。在旋转调节螺旋时,应随时观察指示丝移动情况。

(3)调整结束,盖好测程孔。仪器在较短时间内会出现漂移不稳定状况,几天后才能完全恢复到正常漂移率水平,在此期间漂移往往较大。

2. 纵、横水准器的检查与调节

纵、横水准器处在正确位置时,重力仪的读数最大。可据此来检查纵、横水准器位置的正确与否,并根据需要进行调节。

纵水准器的检查与调节:

(1)将仪器放在底盘上,调至水平,转动读数盘,使指示丝与零线重合。

(2)旋转纵水准器的脚螺丝,使纵水准器的气泡分别向左和向右移动1格,并观察指示丝移动的方向(此时应始终保持横水准器气泡居中)。

(3)纵水准器气泡向左和向右移动时,若指示丝均朝零点位置右边(重力减小方向)移动,则说明纵水准器位置正确;若纵水准器气泡向左或向右移动时,指示丝出现向左移动(重力增大方向),则说明需调节纵水准器。

(4)调节方法:先打开纵水准器调节孔盖,从右向左逐步旋转纵水准器脚螺丝(半个分划为宜),同时观察指示丝的移动情况(不熟练时不妨逐步读取仪器读数,并绘制水泡曲线);找到使指示丝向左偏移最大时的脚螺丝位置(即水泡曲线上仪器读数最大时对应的水泡位置),用专用螺丝刀调节纵水准器的调节螺丝,使气泡居中。注意每次读数时,均应保持横水准器气泡居中。横水准器的检查和调节步骤与上述类同。

水准器水泡曲线测定方法:测定某一水泡曲线时,先调节脚螺旋,使之偏向一侧偏离2~3个水准器分划,然后再以0.5个分划的间隔朝相反方向逐次偏移。每次改变倾角后,转动测微轮使指示丝归零,并记下重力仪读数。最后画出气泡位置与读数的关系曲线,即该水准器的水泡曲线。注意操作时始终保持另一水准器气泡准确居中。

图2-9是横水准器的理论水泡曲线,数据间隔为10″(弧秒)(略小于仪器水准器的1/2分划)。在仪器倾角位置"7"时,读数出现极大值,此处对应传感器摆杆的水平位置。在该点位置调整水准器水泡居中,仪器即可实现水平零点读数。

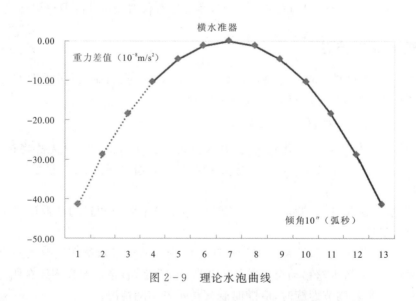

图2-9 理论水泡曲线

纵水准器的水泡曲线与此相似,区别在于:水泡位于纵水准器右端和左端时,仪器灵敏度分别处于偏低和偏高状态。所以,当仪器向右倾斜到某一位置时(水泡左偏),仪器灵敏度将逐渐趋于无限大,处于不稳定状态,出现无法读数的现象。因此,纵水准曲线在水泡偏左一方是不完整的,故图 2-9 中曲线左侧的一部分用虚线表示。

3. 位移灵敏度测定和调节

位移灵敏度指在零点位置附近,将读数盘旋转 $1\times10^{-5}\,\mathrm{m/s^2}$ 时,指示丝在显微镜视场内移动的位移量,以刻度片的分划计。LCR 重力仪的位移灵敏度与零点位置有关,通常要求调至每 $1\times10^{-5}\,\mathrm{m/s^2}$ 对应位移 9~10 格。

灵敏度测定:先在底盘上置平仪器,然后把指示丝调到零点位置,记下仪器读数。G 型仪器测微轮旋转半周($0.5\times10^{-5}\,\mathrm{m/s^2}$),指示丝在视野中的位移格数的 2 倍,即为其位移灵敏度值。D 型仪器测微轮则需要旋转 5 周($0.5\times10^{-5}\,\mathrm{m/s^2}$),其他相同。

灵敏度的调节步骤:

(1)首先,在底盘上置平仪器,测定并记下初始灵敏度值。

(2)需要提高灵敏度,则调节纵向脚螺旋使仪器右端降低(纵向水准器气泡向左移)。需要减小灵敏度,则使仪器右端升高(纵向水准器气泡向右移)。

(3)仪器每改变一次倾斜位置,检测一次位移灵敏度,直至得到所需的灵敏度值(每 $1\times10^{-5}\,\mathrm{m/s^2}$ 调至 9~10 格)所对应的气泡位置。打开纵向水准器调节孔盖板,用专用螺丝刀调节纵向水准器螺丝,使气泡居中。

(4)确定新的读数线位置。升高灵敏度时应在原读数线左侧找,降低灵敏度时在原读数线右侧找。新的读数线位置一般不会发生较大变化。

(5)应对每一新设读数线进行以下检验,即使纵向水准器气泡前、后朝两个不同方向偏离,并分别记下对应的读数轮数字,直到两个方向气泡偏离时读数都减小,且减小量近似相等时,则认为所确定的读数线是正确的。

(6)重新检查和测定重力仪的纵向水准器位置和位移灵敏度,确保无误。

需要注意的是,在上述测定和调节过程中一定要始终保持横水准器气泡居中。由于拉科斯特重力仪指示丝较粗、边缘有点模糊且不甚整齐等原因,准确对准读数线有一定困难。在调整读数线和进行归零读数时,可以考虑使用指示丝的左边缘、右边缘,或使用中间对称法对准读数线。这样,零点位置调整就可以只改变读数线的(1/4)~(1/2)格,而不需要调整 1 个整格,使得灵敏度调整得到更准确的结果。

4. 检流计零位和灵敏度调节

(1)用光学读数法,将仪器调整到水平零点位置。此时,检流计对应输出电压值应为零;否则,在电子零位调节孔,将检流计指针调至零位(正中间刻度线)。

(2)检流计指针移动 1 小格(电桥输出电压变化 50~80 mV)对应重力变化为 $10\times10^{-8}\,\mathrm{m/s^2}$ 左右,为电子灵敏度的推荐值(一般比光学位移灵敏度高出 5~10 倍)。当实际数值明显偏离该数值时,可通过电子灵敏度调节孔进行调节。

五、LCR 重力仪格值及重力值换算

LCR 重力仪在出厂时给定了分段格值表(表 2-2)。仪器使用者只需在格值标定场获得比例因子,并用其对测得的重力差值进行修正即可。

表 2-2 LCR 重力仪格值

LCR G-929			LCR D-159		
计数器位置 A_i	累计重力值 B_i	间隔因子 C_i	计数器位置 A_i	累计重力值 B_i	间隔因子 C_i
2000	2029.80	1.014 12	0	0	0.120 720
2100	2131.22	1.014 11	100	12.0720	0.120 486
2200	2232.63	1.014 11	200	24.1206	0.120 283
2300	2334.04	1.014 11	300	36.1489	0.120 107
2400	2435.45	1.014 11	400	48.1596	0.119 952
2500	2536.86	1.014 11	500	60.1548	0.119 815
2600	2638.27	1.014 11	600	72.1363	0.119 690
2700	2739.68	1.014 12	700	84.1053	0.119 576
2800	2841.10	1.014 14	800	96.0629	0.119 468
2900	2942.51	1.014 15	900	108.0097	0.119 363
3000	3034.92	1.014 16	1000	119.9460	0.119 259
3100	3145.34	1.014 17	1100	131.8719	0.119 155
3200	3246.76	1.014 18	1200	143.7874	0.119 048
3300	3348.18	1.014 19	1300	155.6922	0.118 936
3400	3449.59	1.014 21	1400	167.5858	0.118 820
3500	3551.02	1.014 22	1500	179.4678	0.118 698
3600	3652.44	1.014 23	1600	191.3376	0.118 570
3700	3753.86	1.014 25	1700	203.1946	0.118 436
3800	3855.29	1.014 27	1800	215.0383	0.118 298
3900	3956.71	1.014 28	1900	226.8680	0.118 154
4000	4058.14	1.014 29			
4100	4159.57	1.014 30			
4200	4261.00	1.014 31			
4300	4362.43	1.014 31			
4400	4463.86	1.014 30			
4500	4565.29	1.014 29			

首先,将仪器读数直接换算为相对于计数器零点重力值 g_{0i},计算式如下:

$$g_{0i}=[B_i+(S_i-A_i)\times C_i]\times K \tag{2-9}$$

式中:S_i 为仪器读数;A_i 为读数的整数位置(100 的整数倍);B_i 为读数整数位置所对应的累计重力值;(S_i-A_i) 为读数的尾数部分;C_i 为尾数部分对应的格值间隔因子;K 为在基线上标定获得的格值调整系数(比例因子)。

重力仪在正式施工前、收工后,或者经过大修、中修后都必须在国家级、省级格值标定场或长基线上检验和标定格值,以确保重力值换算的准确性。中国地质大学(武汉)的 2 台 LCR 重力仪,2012 年 11 月在庐山国家级格值标定场获得的标定结果如下:

LCR G-929，格值比例因子 $K=1.000\,463$，标准差 $\pm 0.000\,012$；
LCR D-159，格值比例因子 $K=1.000\,619$，标准差 $\pm 0.000\,020$。

六、实验报告编写

1. 实验目的和要求
2. 实验内容
(1) 绘出 LCR 重力仪弹性系统结构示意图，阐明其相对重力测量原理。
(2) 说明当重力增大和减小时，归零操作中测微轮旋转方向与指示丝移动方向的关系。
(3) 绘出仪器面板图，并指出各部分的名称和作用。
(4) 阐述气泡曲线测定的方法和目的，并用实验数据绘制相关图件。
(5) 论述灵敏度调节原理与新读数线的确定方法及其依据。
3. 问题讨论
LCR 重力仪的操作要点及夹固制动装置的作用。

实验三　CG-5重力仪操作与漂移性能评价

一、实验内容和要求

(1) 了解 CG-5 重力仪的测量原理、结构、主要功能及技术指标。
(2) 学习仪器使用方法，包括安置、维护、参数设置、观测方法和数据回放等。
(3) 掌握使用 24h 静态观测数据，对仪器的基本性能状况进行评价的方法。
(4) 掌握零位漂移、漂移率、残余漂移、观测数据稳定性等基本概念。

二、CG-5 重力仪的结构、功能和特性

CG-5 重力仪是加拿大 Scintrex 公司制造的全自动数字式陆地重力仪。在测量过程中采用微处理器进行读数，进行仪器倾斜、漂移(预校正)、内部温度、固体潮等自动校正，并具备地震滤波、自动舍弃坏数、自动记录、数字输出等功能。直接测量范围达 $8000 \times 10^{-5} \mathrm{m/s^2}$，读数分辨率为 $0.001 \times 10^{-5} \mathrm{m/s^2}$，广泛应用于重力测量各个领域。

CG-5 重力仪采用零长弹簧助动结构，具有极高的稳定灵敏度(与 LCR 重力仪相近)。观测中，静电反馈装置(用于重力补偿)和电容位移传感器(检测摆杆的水平状态)在控制器协调下的联合使用，可实现摆杆在水平零点位置的自动连续读数功能。其核心部件是石英弹性系统(含电容位移传感器)、静电反馈补偿装置、微处理器、传感器系统(温度和倾斜等)，这些部件被密封在 1 个具有双层恒温的真空仓里，以保障其稳定可靠。

另外，还有 LCD 显示器、键盘、存储器、数据传输接口(R-232 和 USB 两种)、时钟，及外挂式 GPS 接收器(用于获取测站位置)。操作软件具有自动改正、数据处理、自诊断、标定参数更新、数据操作、测站标记等功能。

整个仪器使用 2 块 6.6Ah 标准锂电池供电，可满足 1 个整工作日野外使用。在室内存放期间，可使用外接电源供电，同时也给置于仪器之中的电池进行充电。电池也可以从仪器里取出，用外接智能充电器(座充)进行检测和充电。每台 CG-5 重力仪配有 1 个三脚架，供仪器野外观测和室内置平存放使用。仪器的主要技术参数见表 3-1。

CG-5 重力仪的测量范围为 $8000 \times 10^{-5} \mathrm{m/s^2}$，这是由静电反馈系统工作区间决定的，不能调整。为保证测量范围得以覆盖全球地表，仪器出厂时，初始读数被调整至 $4200 \times 10^{-5} \mathrm{m/s^2}$ 左右(加拿大多伦多，北纬 43.7°)。新仪器在武汉和北京(约北纬 30° 和 40°)的初始读数分别约为 $3200 \times 10^{-5} \mathrm{m/s^2}$ 和 $4000 \times 10^{-5} \mathrm{m/s^2}$。仪器使用过程中，随着漂移量的不断积累，仪器读数会不断增大；当读数增至 $8000 \times 10^{-5} \mathrm{m/s^2}$ 时，该仪器便不能继续使用了。按平均漂移率 $1.0 \times 10^{-5} \mathrm{m/s^2} \cdot \mathrm{d}$ 进行计算，CG-5 重力仪在武汉和北京的使用寿命分别约为 13 年和 11 年，华南地区的寿命更长些。

表 3-1 CG-5 重力仪性能指标

传感器类型	无静电熔凝石英,零长弹簧
读数分辨率	$1\times10^{-8}\,\mathrm{m/s^2}$
观测精度	$5\times10^{-8}\,\mathrm{m/s^2}$
测量范围	$8000\times10^{-5}\,\mathrm{m/s^2}$,不用重置
长期漂移率	约小于 $1.0\times10^{-5}\,\mathrm{m/s^2\cdot d}$
随机波动范围	不超过 $\pm10\times10^{-8}\,\mathrm{m/s^2}$
倾斜自动补偿范围	$\pm200''$(弧秒)
冲击影响	$20g$ 冲击,通常小于 $5\times10^{-8}\,\mathrm{m/s^2}$
自动修正项	潮汐、仪器倾斜、温度、噪声、地震噪声
外观尺寸	方柱形,高 30.0cm×22.0cm×20.5cm
水平摆杆高度	面板之下 21.1cm,距离底面 8.9cm
LCD 显示屏	1/4VGA,5.9inch(1inch=2.54cm)
操作键盘	27 键,不支持汉字
内存	闪存技术,12MB(较早为 4MB)
重量(含 2 块电池)	8kg
电池容量	$2\times6.6\mathrm{A\cdot h}$(11V)锂电池,功耗 4.5W(25℃)
待机时间	2 块电池,$\geqslant30\mathrm{h}$(夏季)
环境工作温度	$-40\sim+45$℃
环境温度修正	$0.2\times10^{-8}\,\mathrm{m/s^2/}$℃
大气压力修正	$0.15\times10^{-8}\,\mathrm{m/s^2\cdot kPa}$
磁场修正	$1\times10^{-8}\,\mathrm{m/s^2\cdot Gauss}$

三、CG-5 重力仪使用方法

(一)准备工作

1. 重力仪供电

CG-5 重力仪有两种供电方式：15V 外接电源供电或智能电池供电。

外接电源供电步骤：先把外接电源适配器的输入端与供电网连接(100～240V 交流,47～63Hz),然后将 15V 直流输出连接到 CG-5 重力仪面板背后两针插座。

智能电池供电：CG-5 重力仪使用可充电"智能"锂电池。电池标称电压 11.1V,标称容量 6.6A·h,工作温度范围 $-20\sim60$℃。2 个充满电的电池可供 CG-5 重力仪在外界温度 25℃ 时连续工作超过 14h。电池的容量会随着温度的下降相应地减少,当电池剩余电量低于电池电量的 10% 时,仪器会以间隔 15s 的提示音予以提示,此时应及时连接外接电源或更换电池。

若无法更换电池或连接外接电源,则应该取出电池以防止电池电量耗尽,否则当电池电量耗尽,会导致电池标定参数丢失,电池容量大幅减少。若发生上述情况,可尝试使用 CG-5 重力仪外接智能充电器(座充)重新标定。

智能电池安装步骤:①从仪器侧边打开电池仓盖;②连接器接口在电池仓的底部;③插入电池使之与连接器紧密结合;④将电池仓盖重新盖好(若以错误的方式插入电池,则无法盖好电池仓盖)。

CG-5 重力仪配有智能电池充电器,以便对电池单独充电,每个电池需要连续充电大约 4h 充满。经常采用不取出电池,连接外接电源时自动进行充电方式。

在 CG-5 重力仪断电超过 48h 后,重新使用前,仪器需要通电 48h 以上,其中预热 4h 仪器才能达到运行温度,加热满 48h 后仪器基本趋于稳定。

2. 冷启动及热启动

冷启动:仪器出厂后第一次使用时,应该进行冷启动来重新设置仪器。以后的使用过程中,一般不再进行冷启动。需要注意的是,数据在冷启动时将丢失,所以进行冷启动前要及时传输测量数据。

CG-5 重力仪控制面板共有 27 个键,如图 3-1 所示。

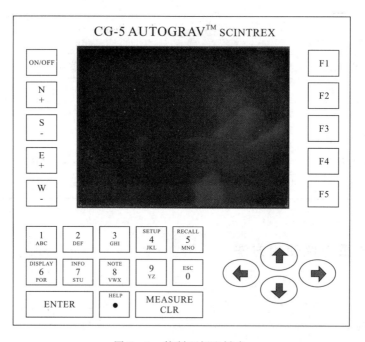

图 3-1 控制面板和键盘

冷启动步骤:①同时按下【SETUP/4】键和【ON/OFF】键启动仪器,系统将提示"是否恢复为仪器缺省设置";②按【9】键进行冷启动;③或者按【RECALL/5】键取消冷启动。

热启动:仪器使用过程中有时会出现死机现象,例如页面无法更新、功能无法实现等,需要进行热启动。同时按【ON/OFF】键和【F1】键,系统将热启动;按住【SETUP】键,所有数据将被删除。

3. 仪器安置

安放三角架：在测点处一小块平地上，用力按下三角架，使每条腿的钢尖插入地面，方向为"T"字形，这样方便调节底部的螺旋调平仪器。

仪器安置：将仪器平稳放在三角架上，确保仪器底面的锥形凹槽和"V"形凹槽正好与三角架脚螺旋顶部的球形端结合，并能够方便地进行调平操作。

建议在仪器安置时，右手提住重力仪，左手触摸重力仪左前方的锥形凹槽，双眼观察仪器前方边缘是否与 2 个脚螺旋连线平行。将仪器水平放下，将左前方锥形凹槽、右前方"V"形凹槽和操作员一方的平板，基本同时与三角架的 3 个球形端结合。此时，先不急于松手，轻轻地左右扭动仪器，有些许错位时仪器会平稳就位，最后完全放稳仪器。

4. 重力仪开机

按【ON/OFF】键启动 CG-5 重力仪的显示器及微处理器。只要仪器中安装了至少一块电池或连接了外接电源，无论仪器是否开机，其内部的温度控制器及绝大多数电子元器件都始终保持通电状态，不受影响。

如果操作中要用到 GPS，则先将 GPS 接收天线连接到背面 COM2 接口再开机。

（二）参数设置

CG-5 重力仪进行测量前，必须进行各种参数设置。按【SETUP】键，进入设置界面，包括 Survey（测量）、Autograv（仪器）、Options（选项）、Clock（时钟）、Dump（传输）、Memory（内存）、Service（服务）7 个选项，如图 3-2 所示。注意，未进行 GPS 校准时，不会出现图中的卫星状况和坐标提示框。

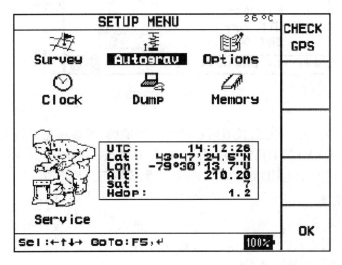

图 3-2 设置界面（含 GPS 提示框）

采集数据前，首先需要连接 GPS 接收器（新仪器启用或工作区变换后通常需要），目的是获得工作区的经纬度（便于仪器进行固体潮校正）和精确的卫星授时（校准仪器内部时钟）。然后，必须设置三套初始化参数，包括测量参数、仪器参数、选项参数。

1. GPS 接收天线使用

在设置界面右上角【CHECK GPS】选择,在测量中需要使用 GPS 信号时,要先在关机状态下连接 GPS 接收天线到 COM2 接口,然后开机。在设置界面按【CHECK GPS】,如图 3-2 所示,出现一个卫星接收情况及坐标的提示框,内容为 UTC(世界时)、Lat(Latitude,纬度)、Lon(Longitude,经度)、Alt(Altitude,高程)、Sat(Satellite,卫星数)和 Hdop(平面位置精度因子)。

待坐标值稳定之后,选择 Survey,按 F5(OK)进入 SURVEY HEADER 界面,再按【READ GPS】键,便出现如图 3-3 所示界面。其中,GRID REFERENCE 项中的纬度(Latitude)与经度(Longitude)值就会自动替换为当前值;其余项是需要手动设置的,将光标移动到需要更改的参数处,按【FUNCT/EDIT】键,选择 EDIT 功能,进行手动设置即可。界面中,Azimuth 为方位角值,Elevation 为高程,UTM Zone 为基准网格点的 UTM 带,GMT Diff. 为所在时区与 UTC 的时间差(国内一般使用北京时间,该值应设为−8)。

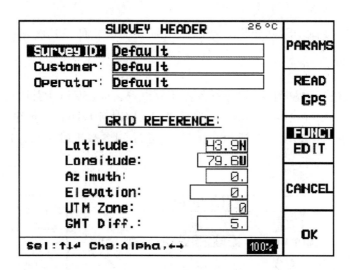

图 3-3 测量参数设置(READ GPS)

若工作区的经纬度为已知,且仪器内部时钟足够准确,可以不必进行 GPS 校准。在此情况下,可以直接在 SURVEY HEADER 界面,改写 GRID REFERENCE 项中的各参数。这个操作必须在测量标记 Survey ID 设置之后进行,否则仪器不允许更改。

2. 测量参数设置

在设置界面选择 Survey(测量)选项,再按 F5 进入该菜单,进行测量参数的设置。如图 3-3 所示,在 SURVEY HEADER 界面上,对 Survey ID(测量标记)、Customer(单位名称)、Operator(操作者)进行测量标题参数的设置。

测量标记是一次测量项目的总称,测量项目中包括许多点的测量,因为数据是以测量标记为单位进行存储的。所以除非数据已经传输到计算机,并且清除了存储器,其他情况下命名测量标记时,不允许重复使用同一个测量标记名称。所以在开始一个新的测量项目时,必须要重新命名。

测站标记确定：系统允许使用如下 6 种模式以设置测站标记，分别为 NSEWm（北南东西，以米为单位）、NSEWft（北南东西，以英尺为单位）、XYm（以米为单位）、XYft（以英尺为单位）、UTMm（以米为单位）和 LAT/LONG（纬度/经度）。

在 SURVEY HEADER 界面，按【F1/PARAMS】参数键，进入测站设计系统（Station Designation System），按【F3/FUNC/EDIT】选中 EDIT 功能，选中"System"，按左键或右键在标记系统间转换，常选择的测站坐标系统为 XYm，如图 3-4 所示。

选择完成后，按"OK"，返回 Survey 选项。

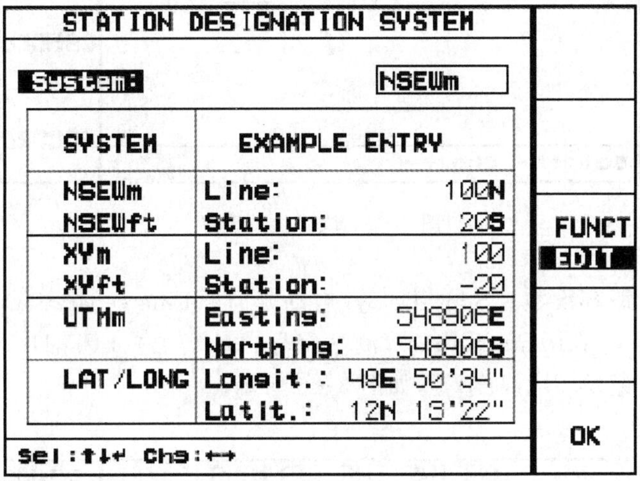

图 3-4 测站标记设置

3. 仪器参数设置

在设置界面，进入 Autograv（仪器）选项，进行仪器参数设置，如图 3-5 所示。选项内容包括 Tide Correct（潮汐改正）、Cont. Tilt. Corr.（连续倾斜改正）、Auto Reject（自动舍弃）、Terrain Corr.（地形改正）、Seismic Filter（地震滤波）、Save Raw Data（存储原始数据）。

Tide Corr.：利用经度、纬度和时间参数，通过 Longman 公式计算地球潮汐校正值。

Cont. Tilt. Corr.：在不稳定的地面观测读数时，以 6Hz 的频率计算微小的垂直方向倾斜变化以进行持续的补偿；若此功能关闭，则将使用读数最后 1s 的倾斜值进行改正。

Auto Reject：自动舍弃高频率的噪声，通常高于 4 倍标准偏差的噪声被舍弃。通过地震滤波时高于 6 倍标准偏差的噪声将被舍弃。

Terrain Corr.：通过标准的 Hammer 计算，改正地形对重力观测值的影响。

Seismic Filter：用地震滤波器过滤由地震和其他震动引起的低频噪声。地震滤波器是一个带有锥形孔的平均值滤波器。

Save Raw Data：以 6Hz 的频率存储原始数据（通常不需要记录）。

测量时，一般选择第 1、2、3、5 项为"YES"，第 4、6 项为"NO"，按左键或右键开启或关闭参数。设置完毕后，按"RECORD（记录）"键存储并返回。

4. 选项参数设置

在设置界面，进入 Options 选项。设置内容包括 Read Time（读数时间）、Cycle Time（循环

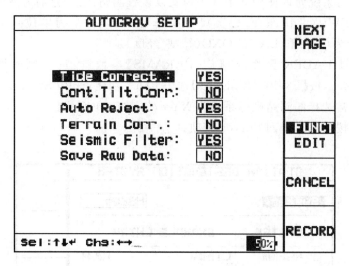

图 3-5 仪器参数设置

时间)、♯Of Cycles(循环次数)、Start Delay(启动延时)、Line separation(测线间隔)、Station separation(测站间隔)、Auto station inc.(测站编号自动增加)、LCD Heater(LCD 加温器)和 Record Anb. Temp(记录环境温度)等,如图 3-6 所示。

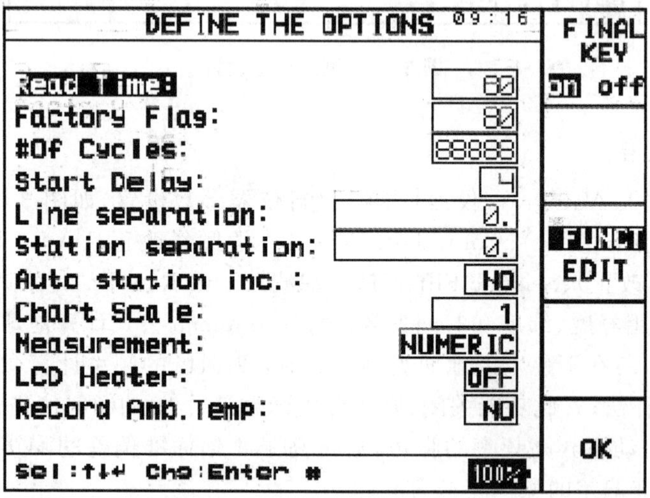

图 3-6 选项参数设置

Read Time:读数时间,指测量数据的持续时间,单位为秒(s),输入范围为 1~256。

Cycle Time:循环时间,是以秒计算的在重复读数时的时间间隔,允许值范围可到 99 999s。若在设置 100s 的读数时间同时,设置 200s 的循环时间。CG-5 会用 100s 来读数,再等待 100s 后进行下一次读数。需要注意的是考虑到一起相关的数据管理,循环时间至少比设置的读数时间值大 20s。例如,Read Time 设为 55s,实际运行时间为 60s,而循环时间设为 75s。

♯Of Cycles:循环次数,自动重复模式下读数次数自动重复,也可以通过输入 99 999 时采用基准站模式。允许范围是 0~99 998。

Start Delay：读数延迟，读数前，操作员希望仪器周围环境达到稳定所需要的时间，允许范围是 0~99s，一般选择在 10s 以内。

Line separation：测线间隔（线距），以米（m）为单位。

Station separation：测站间隔（点距），以米（m）为单位。通过输入 1 个值并且在 Auto station inc. 设置为 NO 时使用。

Auto station inc.：测站编号自动增加功能。可选择使用或禁止。使用时，1 个测量循环完成后，测站编号自动增加。

Chart Scale：图表比例尺。

Measurement：测量过程显示界面。可选择 NUMERIC（数字）或 GRAPHIC（图解）方式的测量显示界面。

LCD Heater：LCD 加温器。寒冷环境中操作仪器时，开启 LCD 加温器。

Record Anb. Temp：环境温度记录。选择记录环境温度后，记录高程的位置为记录环境温度。

一般设置 Read Time 为 55，Cycle Time 为 75，♯ Of Cycles 为 99 998，Start Delay 为 5，Auto station inc. 为 YES，Measurement 为 NUMERIC，设置完毕，按"OK"返回。

（三）调平与测量

1. 测站点线号输入

开机后，或设置好参数后按【MEASURE/CLR】键，会进入 STATION DESIGNATION 界面，如图 3-7 所示。在此界面中，可输入 Station（测站）、Line（测线）以及 Elevation（高程）信息。其中，若在 Options 设置时，Auto station inc. 测站编号自动增加功能选择 YES，则使用时，1 个测量循环完成后，测站编号自动增加，不需手动进行更改。

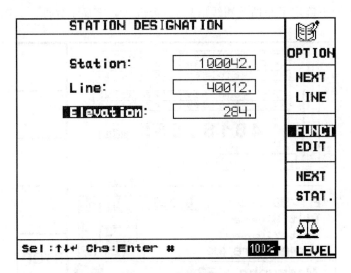

图 3-7 点线号输入

2. 调平

按【F5/LEVEL】键进入仪器调平,如图 3-8 所示,可以按照屏幕顶部图标 F、L、R 指示的方向,旋转三角架的脚螺旋进行仪器调平。水平状态由十字丝和屏幕底部的弧秒数字显示。连续旋转脚螺旋直到交叉点进入中心小圆的内部(±10″),屏幕出现笑脸图标即可。一般先调平 Y 轴(垂直十字丝),再调节 X 轴。

至此,仪器做好采集数据的准备,按【F5(READ GRAV)】键开始测量。

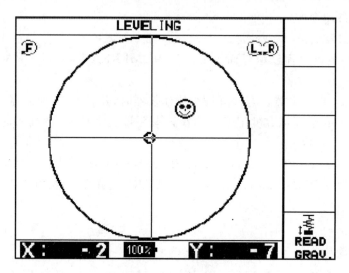

图 3-8 仪器调平

3. 数据采集

在 OPTION 选项界面中选择了 Numeric(数字)测量模式、精确调平了仪器以及在 STATION DESIGNATION 界面下确定了测站及测线信息后,会进入数字显示界面。如图 3-9 所示。

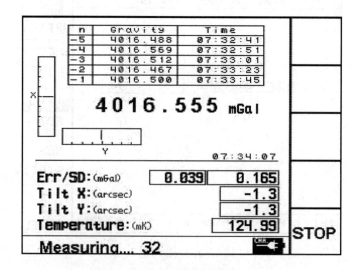

图 3-9 数据采集

其中，4016.555mGal 为未经过任何改正的当前重力值，表格中的 -1、-2、-3、-4、-5 为前几组采样经改正后的重力测量结果及时间信息。图下方给出时间、环境温度、当前误差/标准差(Err/SD)、Tilt X(X 向倾角)和 Tilt Y(Y 向倾角)、Temperature(温度补偿信息)、采样进度及电源状况。

当测量结果达到要求后(一般按取得连续 3 个经过校正的读数，且最大值和最小值之差小于 5×10^{-8} m/s^2 进行控制)，按【F5(Final Data)】键结束测量。

这时，显示图 3-10 菜单；其中，Current 栏为当前数据(指正在采集的尚未达到设定采集时间的数据)，包含了经过滤波和应用了所有改正后的当前重力值(2339.252)、时间和测站信息。通过方向键(上、下)，可以在 Preceding 栏查看最近的 100 个数据。

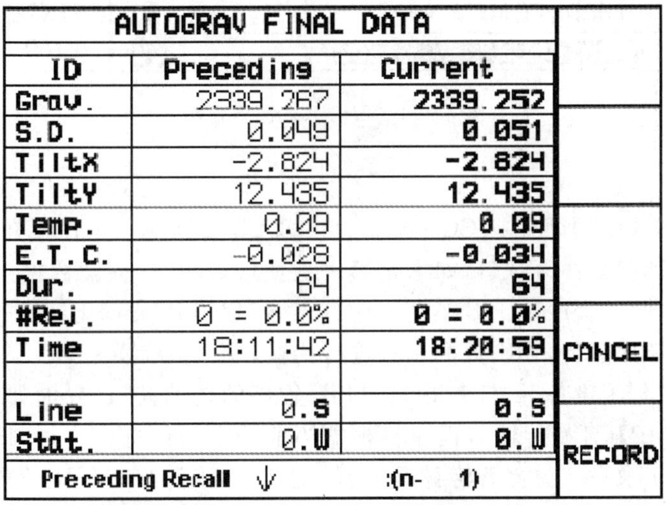

AUTOGRAV FINAL DATA			
ID	Preceding	Current	
Grav.	2339.267	2339.252	
S.D.	0.049	0.051	
TiltX	-2.824	-2.824	
TiltY	12.435	12.435	
Temp.	0.09	0.09	
E.T.C.	-0.028	-0.034	
Dur.	64	64	
#Rej.	0 = 0.0%	0 = 0.0%	
Time	18:11:42	18:20:59	CANCEL
Line	0.S	0.S	
Stat.	0.W	0.W	RECORD
Preceding Recall ↓		:(n- 1)	

图 3-10 当前数据

按【RECORD】保存当前数据，同时返回到 STATION DESIGNATION 界面以便进行下一次测量；按【CANCEL】放弃当前数据(通常选择放弃)，系统将不存储该数据，直接返回观测设置界面(STATION DESIGNATION 界面)。

4. 实时数据图解显示

在进行自动连续读数时(如静态试验)，可选择数据以曲线形式显示方式。前提是已在 OPTIONS SCREEN 下选择了 GRAPHIC(图解显示)测量模式，在 STATION DESIGNATION 界面确定测站信息及进行仪器调平后，在调平界面按【F5(Read Grav)】键，即可获得实时数据图解显示界面，如图 3-11 所示。

重力传感器按 6Hz 采样频率输出原始数据，仪器以每秒 1 次的频率刷新屏幕显示。图形比例尺可以通过屏幕右上角【F1(SCALE)】和【F2(SCALE)】键进行调整。

5. 传输数据

CG-5 重力仪可以通过 RS-232 端口或 USB 端口将数据传输到计算机上。使用 USB 端口传输数据时，CG-5 重力仪不需要进行任何参数设置，只需要在计算机上安装 USB 驱动程序及 SCTUTIL 软件程序，在 SCTUTIL 程序的"Com 接口参数"的窗口，选中"USB interface"

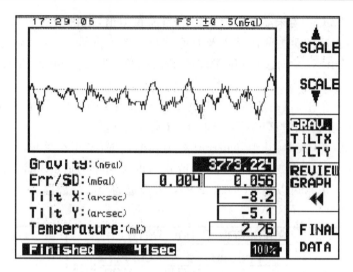

图 3-11 实时数据图解显示

即可。步骤如下：

(1)首先按【ON/OFF】键开启 CG-5 重力仪，USB 数据线一端连接在 CG-5 的 USB 接口，另一端连接在计算机的 USB 口，如果是第一次使用 USB 口传输数据，计算机识别新硬件后会提示安装 USB 驱动程序，USB 驱动程序位于 SCTUTIL 光碟上。需要注意的是，必须严格按照上面的连接顺序进行，否则数据无法进行传输。

(2)待计算机识别了设备后，打开 SCTUTIL 程序的传输窗口，界面如图 3-12 所示。直接点【START DUMP】(开始传输)，程序将根据当前的时间信息(年、月、日、小时、分)生成一个文件名"＊＊.raw"文件。选择保存路径，传输完成后，点【CONVERT】转换数据格式，原始数据"＊＊.raw"文件将被转换为"＊＊.sgd""＊＊.txt"和"＊＊.smp"文件。

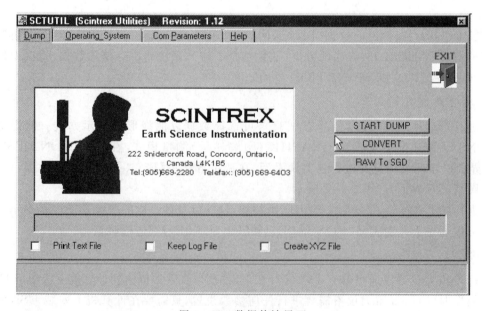

图 3-12 数据传输界面

(3) 数据文件格式及内容如下。

＊＊.raw：原始数据文件，为二进制的数据文件，用户无法打开。

＊＊.sgd：为 sgd 格式文件。该文件是必须传输的文件，为二进制的数据文件。

＊＊.smp：包含了未经处理的以 6Hz 为频率的重力值、X 轴的偏移、Y 轴的偏移和温度传感器记录。仪器界面中如果 Save Raw Data 也就是保存原始数据中设置为否，＊＊.smp 文件为空文档。

＊＊.txt：为传输的文本文件，如图 3-13 所示。上部为测量之前进行各项参数设置内容，下部为记录的观测数据，分别是：LINE（测线编号）、STATION（测站编号）、ALT.（高程）、GRAV.（相对重力值）、SD.（标准差）、TILTX（X 轴倾斜）、TILTY（Y 轴倾斜）、TEMP（温度）、TIDE（潮汐改正）、DUR-REJ（读数时间和舍弃数量）、TIME（时间）、DEC.TIME＋DATE（十进制时间）、TERRAIN（地形改正）、DATE（观测日期）。

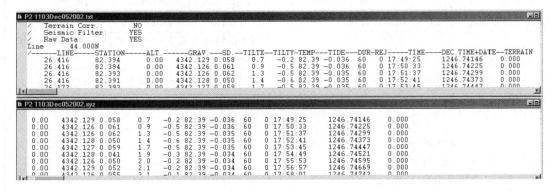

图 3-13　数据文件格式及内容

6. 仪器参数检查和调整

仪器参数需要进行定期检查和调整，有利于取得最佳的测量结果。通常，每 3 个月至少要进行一次检查，使用新仪器时，每两周要检查和调整一次。

需要定期检查和调整的参数主要是 X 轴和 Y 轴的偏移调整。定期进行准确的调整，可以直接改善仪器倾斜校正的质量。由于 CG-5 重力仪具有较大漂移率（常超过 1.0×10^{-5} m/s^2），故 X 轴和 Y 轴的偏移调整，须以自动漂移改正系数的调整为基础。

各检查和调整项目的顺序依次为：

(1) 自动漂移改正系数的调整。
(2) X 轴和 Y 轴偏移的检查和调整。
(3) X 轴和 Y 轴灵敏度的检查和调整。
(4) 十字联轴器调整（调平十字丝的相应调整）。

在稳定的地点，将仪器安置在三脚架上。先按【SETUP】键（设置），访问 Service 菜单，在其中的 Calibration 下，按照仪器使用手册逐项操作完成检查和调整程序。

另外，重力仪的格值比例因子，也可以在 Calibration 下进行重新设置（GCAL1）。但更常见的方法是，在重力测量数据的计算整理过程中，用户自己在电脑上完成。

7. CG-5 使用注意事项

(1) 重力仪（尤其是石英弹簧重力仪）必须轻拿轻放，不得磕碰、较大角度倾斜等。测量运输途中尽量保持仪器直立，能减少弹性后效作用。

(2) 观测时先平稳放置三脚架，仪器安置时避免滑落、震动，包括脚架松动。

(3) 观测数据以 3 个连续结果的最大互差小于 5×10^{-8} m/s^2 为合格标准。仪器虽有自动记录功能，为防止数据丢失，建议同时手工记录点号、重力值及时间。

(4) 测量参数设置完成后，不需要进行频繁改动。

(5) 常见故障及排除方法见表 3-2。

表 3-2　CG-5 重力仪常见故障及排除方法

出现的问题	可能的原因	可能的解决方法
重力仪无法启动	电池耗尽	插上充电器进行充电或换上充好电的电池
屏幕全亮或全暗	没调整到合适的对比度	按【DISPLAY】键，再按【F2(50%)】键
屏幕或键盘无法工作	内部计算机需要重启	同时按【ON/OFF】和【F1】键进行重力仪热启动
读数超出范围或读数接近 GCAL1 值以及 ERR/SD 过低	传感器锁定	用手指轻轻敲几下面板上的 AUTOGRAV 字样的位置
		进行一次新的读数，仪器不会测出错误结果
		若读数仍然有误，重复第一步反复轻敲重力仪，直到传感器解锁
电池不能正常地显示其状态及正常充放电，例如：电池比正常情况下充电快，而容量却减少	电池校准丢失	使用充电器重新校准

续表 3-2

出现的问题	可能的原因	可能的解决方法
电池在 CG-5 重力仪的屏幕不能显示其正常的状态	需要重新设置内部电池充电器	拿掉1个电池或断开外接电源电缆几秒钟来重新设置电池控制器
显示器显示变化缓慢	环境温度过度,显示器无法正常工作	在 Options 界面下,或先后按下【DISPLAY】键及【F1】键,打开屏幕加热器
数据无法传输	仪器和计算机间未连接 RS-232 或 USB 数据线	连接数据线
	RS-232 或 USB 数据线未连接到计算机上	连接数据线
	文件传输程序未能正确安装	检查 SCTUTIL 程序是否正确
即使按以上描述重置后,仪器还是无法工作	仪器需要冷启动	用【ON/OFF】键关掉仪器。再通过同时按下【ON/OFF】键和【SETUP】键。如果希望恢复最初的设置,首先将数据传输到计算机

四、CG-5 重力仪漂移性能评价

1. CG-5 漂移概述

漂移及其线性度是重力仪最重要的性能指标,在很大程度上决定了其精度和寿命。因此,重力仪漂移性能评价是了解其性能最主要的方法和手段。

CG-5 重力仪是在加拿大 1950 年生产的 CG-2 重力仪基础上,经过智能化和数字化改造后逐渐定型的,最早的全自动重力仪 CG-3 出现在 1988 年。加拿大 CG-2、美国沃尔登(Worden)(1944)及北京地质仪器厂 ZSM 重力仪(1967),现在一般称为中精度石英弹簧重力仪(精度为 $\pm 0.03 \times 10^{-5}$ m/s^2),其中多数仪器的昼夜漂移量为 $(1 \sim 2) \times 10^{-5}$ m/s^2。仅从漂移速率一个指标来看,CG-5 与 CG-2 等重力仪没有明显差别。

CG-5 的优势在于:①高精度恒温器的使用,有效控制了仪器内部的温度波动,保证了仪器良好的漂移线性度;②仪器内部基于多种传感器和软件的各项校正与自动读数等功能等的实现;③大容量、小体积锂电池的使用,大幅度延长了野外工作时间;④无静电熔凝石英制成的传感系统,减小了黏摆问题的发生概率。从而,使 CG-5 具备了更高精度和使用上的便利性。

通常,新重力仪在使用初期,漂移速率及其波动范围都较大,数年之后,漂移率逐渐减小并趋于稳定。对具体仪器漂移率的全面了解,需要长期进行仪器性能资料的积累和分析研究。CG-5 重力仪在引进初期,静态漂移率往往较低,常见值为 0.5×10^{-5} m/s^2 · d 左右;在首个野外使用工期中,漂移率通常出现大幅度升高,可达到 $(2 \sim 3) \times 10^{-5}$ m/s^2 · d。2~3 年后,漂移率的波动范围开始收窄,并向低位逐渐收敛;这时,多数仪器的漂移率约降至 1×10^{-5} m/s^2 · d。图 3-14 是 4 台 CG-5 重力仪的漂移率变化曲线。

CG-5 重力仪的实时漂移性能,用 24~48h 的静态观测数据进行评价。

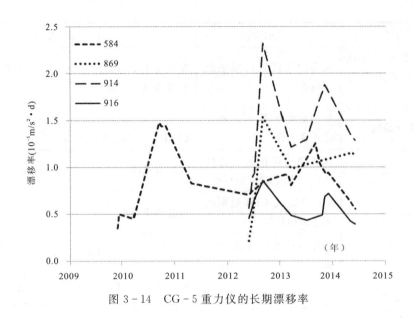

图 3-14 CG-5 重力仪的长期漂移率

2. CG-5 昼夜漂移评价方法

观测数据的整理、计算及漂移评价指标提取,步骤如下:

(1)连续 24h 以上的定点观测(间隔 1~20min)完成后,将数据导入计算机。

(2)选用得到的"＊＊.txt"文件(文本文件),用 Excel 格式打开。

(3)选择连续记录的目标数据(包括表头),复制另存为"＊＊.Excel"文件。

(4)对"＊＊.Excel"文件的格式、数字位数等进行调整后,再做分列处理,并确认无误。

(5)删去"＊＊.Excel"文件中不必要的数据列,必须保留的数据列是 GRAV(经过各项改正的重力值)、SD(标准差)、TIDE(潮汐改正值)、TIME(时间)、ETC-TIME(十进制时间+日期)、DATA(日期);数据文件中的重力单位均为 10^{-5} m/s^2。

(6)用 GRAV 列数据绘制曲线,即为该仪器的零位漂移曲线。

(7)对零位漂移曲线进行端基直线改正,改正直线的斜率即为漂移率(单位 10^{-5} m/s^2 · d);也可以用最小二乘回归直线进行改正,处理略复杂。

(8)用直线改正后得到的残余零漂数据绘制曲线,即为残余零漂曲线。

(9)残余零漂数据最小值和最大值之差,称为残余漂移振幅(单位 10^{-8} m/s^2)。

(10)用残余零漂数据计算得到的标准差,作为重力仪观测数据稳定性评价指标(单位 10^{-8} m/s^2),其主要成分是重力仪漂移的非线性因素。

注意:①数据的时间跨度不少于 24h(静态试验),完整的观测数据一般为 48h 左右,漂移率用 24h 的直线漂移值表示(单位 10^{-5} m/s^2 · d);②步骤(6)中端基直线用首尾点数据连线得到,相应的残余零漂曲线的首尾点均为零值;若用最小二乘回归直线进行改正,相应的残余零漂曲线的首尾点通常不为零;③端基直线改正比较方便,最小二乘回归直线改正略繁琐,但得到的各个指标更准确、客观。

昼夜 24h 漂移的线性度,用端基直线或线性回归后得到的漂移残差的振幅表示,这是厂家和代理商推荐的方法。在采用 55s 采样时间、排除明显干扰(明显的地震干扰或仪器调平不当等),并进行固体潮校正之后,CG-5重力仪的试验结果中,24h残余振幅一般都在$20\times10^{-8}\,\text{m/s}^2$之内,线性度良好。

CG-5重力仪的石英弹性系统由手工制作、调试完成,故不同仪器的漂移率(直线斜率)及其变化规律的差异较显著。通常情况下,漂移都是正向的,即读数逐渐增大;偶尔可能出现短时间的负向漂移,这与仪器近期的使用、运输或存放经历有关,如曾发生较大震动、倾斜或安置不当等,一般均伴随零位突变出现。

由现有资料分析,通常可认为:CG-5重力仪的零位漂移率值在$0.5\times10^{-5}\,\text{m/s}^2\cdot\text{d}$附近时,漂移是十分理想的;在$(0.5\sim1.5)\times10^{-5}\,\text{m/s}^2\cdot\text{d}$之间时是正常的;在$(1.5\sim2.5)\times10^{-5}\,\text{m/s}^2\cdot\text{d}$之间时,一般认为还是可以接受的;当漂移率大于$2.5\times10^{-5}\,\text{m/s}^2\cdot\text{d}$时,则认为仪器状况极差,怀疑存在问题。

随着使用年数的增加,仪器漂移率会明显减小;3年后,绝大多数仪器的漂移率都能降至$1.5\times10^{-5}\,\text{m/s}^2\cdot\text{d}$之内。在正常使用情况下,重力仪的漂移率不会发生较大的突然变化,此类情况的出现往往与各种非正常事件有关。

残余标准差的大与小,与直线漂移改正所用的方法关系很大。通常用最小二乘回归直线改正所获得的残余漂移计算得到的残余标准差较小,反复试验结果也较稳定。线性回归残余标准差一般小于$\pm3\times10^{-8}\,\text{m/s}^2$,出现大于$\pm4\times10^{-8}\,\text{m/s}^2$的情况时,可以怀疑仪器存在问题。此时,仪器的漂移率和残余漂移振幅也应出现不正常状况。

3. CG-5漂移评价实例

图3-15为CG-5重力仪(914♯)48h静态观测数据。其中,虚线是原始数据,实线是经过固体潮校正的漂移曲线(近乎直线)。用端基直线法求得漂移率为$1.214\times10^{-5}\,\text{m/s}^2\cdot\text{d}$。图3-16为经过线性漂移校正后得到的残余漂移曲线,基本在零轴线上、下等幅摆动,振幅为$11.6\times10^{-8}\,\text{m/s}^2\cdot\text{d}$。根据残余漂移计算得到的残余标准差为$\pm2.0\times10^{-8}\,\text{m/s}^2\cdot\text{d}$。各项漂移指标均正常,仪器性能状况良好。

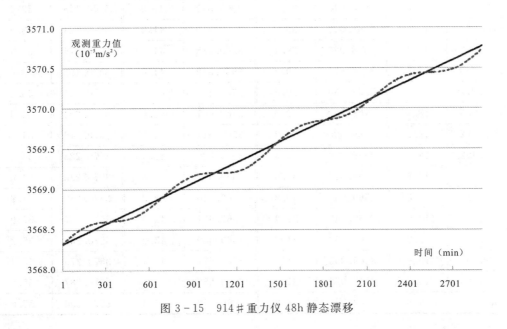

图3-15　914♯重力仪48h静态漂移

图 3-15 和图 3-16 的绘图数据间隔为 1min，共 2908 个数据点。表 3-3 是在此数据中抽取的以 12min(0.2h)为间隔的样本（两端有少量删减）；共 240 个数据，从 2013.3.13 的 17 点起，至 2013.3.15 的 16 点 48 分止，时间跨度 48h。

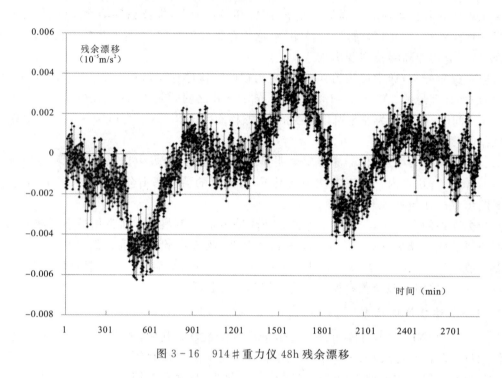

图 3-16　914#重力仪 48h 残余漂移

表 3-3　CG-5 重力仪 914# 静态观测数据

GRAV	TIME(h)	GRAV	TIME(h)	GRAV	TIME(h)	GRAV	TIME(h)
3568.333	17.0	3568.940	29.0	3569.549	41.0	3570.155	53.0
3568.343	17.2	3568.949	29.2	3569.560	41.2	3570.164	53.2
3568.353	17.4	3568.960	29.4	3569.568	41.4	3570.174	53.4
3568.363	17.6	3568.971	29.6	3569.579	41.6	3570.185	53.6
3568.373	17.8	3568.980	29.8	3569.590	41.8	3570.194	53.8
3568.383	18.0	3568.991	30.0	3569.601	42.0	3570.204	54.0
3568.392	18.2	3569.000	30.2	3569.611	42.2	3570.216	54.2
3568.402	18.4	3569.011	30.4	3569.622	42.4	3570.225	54.4
3568.414	18.6	3569.022	30.6	3569.630	42.6	3570.236	54.6
3568.424	18.8	3569.033	30.8	3569.640	42.8	3570.246	54.8
3568.433	19.0	3569.042	31.0	3569.651	43.0	3570.257	55.0
3568.441	19.2	3569.052	31.2	3569.660	43.2	3570.266	55.2
3568.452	19.4	3569.063	31.4	3569.671	43.4	3570.276	55.4
3568.463	19.6	3569.073	31.6	3569.680	43.6	3570.287	55.6
3568.473	19.8	3569.083	31.8	3569.692	43.8	3570.296	55.8

续表 3-3

GRAV	TIME(h)	GRAV	TIME(h)	GRAV	TIME(h)	GRAV	TIME(h)
3568.483	20.0	3569.093	32.0	3569.701	44.0	3570.306	56.0
3568.492	20.2	3569.103	32.2	3569.712	44.2	3570.317	56.2
3568.503	20.4	3569.112	32.4	3569.722	44.4	3570.327	56.4
3568.513	20.6	3569.122	32.6	3569.732	44.6	3570.337	56.6
3568.524	20.8	3569.134	32.8	3569.741	44.8	3570.348	56.8
3568.534	21.0	3569.143	33.0	3569.751	45.0	3570.357	57.0
3568.543	21.2	3569.155	33.2	3569.760	45.2	3570.368	57.2
3568.554	21.4	3569.165	33.4	3569.771	45.4	3570.376	57.4
3568.563	21.6	3569.172	33.6	3569.781	45.6	3570.388	57.6
3568.574	21.8	3569.183	33.8	3569.792	45.8	3570.397	57.8
3568.583	22.0	3569.194	34.0	3569.801	46.0	3570.408	58.0
3568.594	22.2	3569.203	34.2	3569.811	46.2	3570.418	58.2
3568.604	22.4	3569.213	34.4	3569.821	46.4	3570.427	58.4
3568.614	22.6	3569.224	34.6	3569.830	46.6	3570.437	58.6
3568.625	22.8	3569.233	34.8	3569.840	46.8	3570.448	58.8
3568.635	23.0	3569.243	35.0	3569.850	47.0	3570.457	59.0
3568.644	23.2	3569.253	35.2	3569.860	47.2	3570.467	59.2
3568.654	23.4	3569.264	35.4	3569.869	47.4	3570.477	59.4
3568.665	23.6	3569.274	35.6	3569.881	47.6	3570.489	59.6
3568.676	23.8	3569.282	35.8	3569.891	47.8	3570.498	59.8
3568.685	24.0	3569.293	36.0	3569.900	48.0	3570.509	60.0
3568.695	24.2	3569.305	36.2	3569.910	48.2	3570.518	60.2
3568.703	24.4	3569.315	36.4	3569.919	48.4	3570.529	60.4
3568.714	24.6	3569.323	36.6	3569.928	48.6	3570.538	60.6
3568.723	24.8	3569.333	36.8	3569.939	48.8	3570.548	60.8
3568.733	25.0	3569.345	37.0	3569.949	49.0	3570.559	61.0
3568.744	25.2	3569.355	37.2	3569.960	49.2	3570.569	61.2
3568.754	25.4	3569.364	37.4	3569.971	49.4	3570.578	61.4
3568.764	25.6	3569.375	37.6	3569.980	49.6	3570.588	61.6
3568.774	25.8	3569.385	37.8	3569.990	49.8	3570.598	61.8
3568.783	26.0	3569.394	38.0	3570.000	50.0	3570.608	62.0
3568.795	26.2	3569.404	38.2	3570.011	50.2	3570.617	62.2
3568.804	26.4	3569.415	38.4	3570.021	50.4	3570.628	62.4
3568.814	26.6	3569.425	38.6	3570.030	50.6	3570.636	62.6
3568.825	26.8	3569.435	38.8	3570.041	50.8	3570.647	62.8
3568.836	27.0	3569.447	39.0	3570.051	51.0	3570.659	63.0

续表 3-3

GRAV	TIME(h)	GRAV	TIME(h)	GRAV	TIME(h)	GRAV	TIME(h)
3568.845	27.2	3569.456	39.2	3570.061	51.2	3570.669	63.2
3568.857	27.4	3569.467	39.4	3570.072	51.4	3570.679	63.4
3568.866	27.6	3569.477	39.6	3570.081	51.6	3570.692	63.6
3568.876	27.8	3569.488	39.8	3570.093	51.8	3570.699	63.8
3568.888	28.0	3569.497	40.0	3570.103	52.0	3570.710	64.0
3568.899	28.2	3569.507	40.2	3570.111	52.2	3570.719	64.2
3568.909	28.4	3569.517	40.4	3570.122	52.4	3570.729	64.4
3568.919	28.6	3569.527	40.6	3570.133	52.6	3570.738	64.6
3568.929	28.8	3569.537	40.8	3570.143	52.8	3570.749	64.8

五、实验报告编写

1. 实验目的和要求
2. 实验内容

(1) 概括阐述 CG-5 重力仪的测量原理、主要结构、功能及技术指标。
(2) 简要说明 CG-5 重力仪的使用方法、操作内容和使用中必须注意的问题。
(3) 描述 CG-5 重力仪的漂移特征和检验方法,并解释主要检验指标。
(4) 用表 3-3 数据,计算并提取 914♯仪器的各项漂移指标,进行绘图和分析。
(5) 用数据计算结果,比较端基直线法和回归直线法漂移改正结果的差异。

3. 问题讨论

(1) 若 CG-5 重力仪的读数稳定性发生明显下降,如何进行分析检查或调整?
(2) 对仪器采样时间与数据质量的关系进行分析讨论,如何设计实验直接了解二者的关系?并说明数据计算和处理方法。
(3) 分析论述残余漂移所包含的各种可能因素。

实验四　三程循环和双程往返重力观测

一、实验内容和要求

(1) 掌握单程观测、双程往返观测、三程循环观测3种重力仪基本野外观测方法,以及相应的数据整理和计算方法。

(2) 在中国地质大学(武汉)校内重力基点网中的局部闭合线路上,进行三程循环观测或双程往返观测,取得合格数据;并根据实测数据,进行相应的计算处理和精度评价。

(3) 学习掌握重力基点网的逐次渐近图解平差方法,根据各个实验大组的观测数据,进行校园重力基点网平差处理(包括平差精度计算),最终得到校园基点网完整参数。

二、重力观测方法

重力仪的弹性元件在长期受力状况下会产生弹性疲劳,并持续发生蠕变(微小的永久形变),这一形变所导致的重力仪读数长期持续变化,称为重力仪的零点漂移,或称作零位变化。有线性变化规律的、变化幅度较小的零点漂移,在经过线性零位校正之后,对测量结果的影响是极其有限的。应用正确的重力仪维护和使用方法,可以使大多数仪器具备并保持这种线性的小幅漂移特性。

在正常的零点漂移以外,重力仪在使用和运输等环节中,受到过大的震动、较大的外界温度和气压差冲击,以及意外事件发生等(如大角度倾斜、仪器短时间断电),常常会导致重力仪零位的突然变化。由于零位突变的幅度往往较大,而且在发生突变后,仪器原有的良好漂移规律将打破,因此,工作中应努力回避。若工作中不幸发生了较大的零位突变,则在对仪器形成伤害的同时,往往也意味着当日测量成果可能报废。

重力仪具有零位变化的特性,要求重力测量中须进行零位校正。重力仪的各种观测方法,实际上都是围绕着兼顾观测精度和工作效率两个因素进行设计的。不同观测方法带来的漂移改正精度是不同的,而精度则主要取决于闭合观测的时间长度。因为在较长的时间里(数小时或更长),漂移总是难以很好地满足线性要求;而在较短时间里重力仪漂移表现出的线性水平,则往往会更高,如图 4-1 所示。

图中点划线是 CG-5 重力仪真实的 22h 残余漂移曲线(数据间隔 0.2h),由 3 段组成的折线(实线)和由 11 段组成的折线(虚线),分别是从点划线端点开始的 7h 和 2h 残余漂移的直接连线。对应 22h、7h 和 2h 直线漂移改正的残余振幅分别约为:$7.2 \times 10^{-8} \mathrm{m/s^2}$、$4.3 \times 10^{-8} \mathrm{m/s^2}$ 和 $3.0 \times 10^{-8} \mathrm{m/s^2}$。显然,当使用更短的闭合时间进行漂移改正时,观测值与校正直线的最大偏差值更小,校正将更完全。

为了实现有效的零位改正,重力仪必须使用闭合测量观测方法,即在起始点(或基点)观测

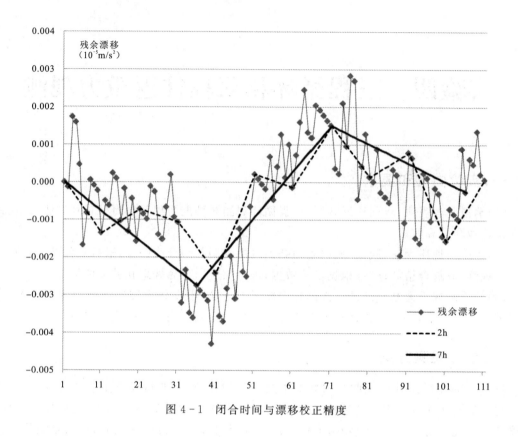

图 4-1 闭合时间与漂移校正精度

结束之后,进行目标点(一个或多个)观测,最后一定要再回到起始点进行观测(也可以闭合到与起始基点有已知重力差的其他基点)。起始点首、尾两次观测值之差称作零位变化值,起始点首、尾两次观测时间之差称作闭合时间。由零位变化值及其闭合时间可以确定重力仪的零位变化系数,即漂移率。据此,利用各测点的观测时间进行线性内插,便可获得各观测点的零位变化值,实现观测结果的零位校正。

各种野外重力观测方法,是根据已有仪器设备情况、工作目的和任务、对观测结果的精度要求、实际观测条件(如测量路线及交通条件)等选择确定的,并同时考虑工作效率和测量成本等。常用观测方法如图 4-2 所示。

图 4-2 中,横轴表示不同的观测时间,沿纵轴分划展开的水平网格线表示多个不同的测点(网格线所在位置的高或低与测点重力值无关)。从左向右的 4 组点划线分别表示单程观测、双程往返观测、三程循环观测、单向循环观测。前 3 种方法完成 6 个测点(5 个重力差)的测量,分别进行了 7 次、11 次和 16 次观测。

图 4-2 中的第 4 种方法——单向循环观测,是仅仅针对各测点(基点)呈环线形态分布时使用的,其实质是单程观测的多次重复法。图中只示意给出了两次重复路线。

单程观测:观测效率最高,起始点闭合时间最长,漂移校正精度较低。通常用于普通测点的重力测量,也称为单次观测。观测顺序是 $G1—C1—C2—C3—\cdots\cdots—G1$,或 $G1—C1—C2—C3—\cdots\cdots—G2$;其中,$G1$ 和 $G2$ 表示不同重力基点,$C1$、$C2$、$C3$ 等表示多个测点。

双程往返观测:观测效率较高,闭合时间较长,漂移校正精度较高。主要用于重力仪的动

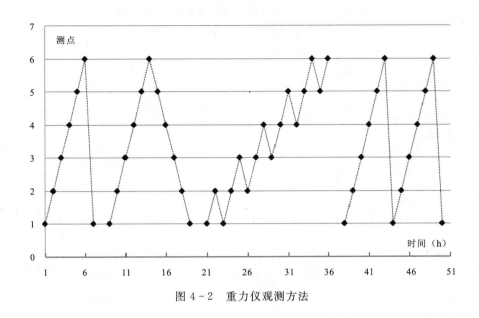

图 4-2 重力仪观测方法

态试验、一致性试验、格值分段标定,以及其他对观测精度要求较高,或工作条件受限制的情况(如长基线标定等)。观测顺序是 $G1—G2—G3—……—GN—……—G3—G2—G1$;其中 N 为测量点数。

三程循环观测:观测效率最低,同点闭合时间最短,漂移校正精度最高。主要用于重力仪的动态试验、基点联测、格值标定等。观测顺序是 $G1—G2—G1—G2—G3—G2—G3—G4—……$。三程循环观测从起始点观测完毕开始,每再进行 3 次观测(在两点间来回 3 个单程)即可获得 1 个独立增量。

双程往返观测法和三程循环观测法,都是重力基点联测和格值标定的主要方法。对于不同观测目的,要求获得的观测增量数目不同。如基点联测一般要求 4 个增量(可用 2 台仪器同时完成 2 个增量),格值标定一般要求每台仪器完成 6 个或更多增量。

三、重力仪读数换算及校正

1. 重力仪读数与格值

重力仪采用水平零点观测法,观测中在重力补偿量调整适当时,平衡体处于水平零点位置,仪器读数即是该时刻测量弹簧上端点所处位置的定量数字显示。读数与仪器的调整或设置状态有关,也与观测点重力值有关。读数单位是仪器制造时所给定的,与测量弹簧上端点的垂向位移量成线性比例关系的分划值,用"格"表示。重力仪的格值即为每一个读数"格"所对应的重力值,由仪器的格值标定给出。

重力仪的格值,由厂家给定的标定参数(参考格值或格值表)以及用户在重力仪标定基线上获得的格值调整比例因子两部分组成。

每台重力仪的格值是不同的,而且对于具有较大测量范围的重力仪,不同测量段的格值也需要分别确定,以保证重力数据计算的准确性。不同重力仪具有不同的重力直接测量范围及不同的格值分段要求,见表 4-1。

表 4-1 常用重力仪的直接测量范围及格值分段

重力仪型号	直接读数范围（格）	格值概略值（每格）（$10^{-5}\mathrm{m/s^2}$）	直接测量范围（$10^{-5}\mathrm{m/s^2}$）	制造商给定的格值分段
ZSM-Ⅲ、CG-2 等	1000	0.1	100	1 段（参考格值）
ZSM-Ⅳ、ZSM-Ⅴ、沃尔登（Worden）等	2000	0.1	200	1 段（参考格值）
Z-400（当前国产）	4000	0.1	400	1 段（参考格值）
CG-3、CG-4、CG-5（全自动重力仪）	8000	1.0	8000	已植入仪器软件
拉科斯特 G 型	7000	1.0	7000	70 段 每段约 100mGal
拉科斯特 D 型	2000	0.12	240	20 段 每段约 12mGal
贝尔雷斯 CALIB 型	7000	1.0	7000	140 段 每段约 50mGal

注：格值校对得到的重力仪格值校正系数或称作比例因子，用于对厂商给出的格值或格值表进行修正。

2. 重力仪读数的格值换算

弹簧重力仪都是相对重力仪，读数是从计数器零点起的计数值，其单位是计数器"格"。对 CG-5 和贝尔雷斯等全自动重力仪而言，格值或格值表（包括比例因子）一般已经植入软件，仪器记录的读数为重力单位（$10^{-5}\mathrm{m/s^2}$），故无需再进行外部换算。

Z-400 型、ZSM 型、CG-2 型和 Worden 型等普通石英弹簧重力仪，传统习惯是首先对仪器读数进行计算，求得不同测点间的读数差（即进行混合零位校正），然后用标定获得的格值与之相乘，得到重力差值。由于仪器和重力测量精度的提高，现在更加注重数据计算精度，这要求固体潮校正和仪器高校正等在零位校正之前进行。所以，必须首先将仪器读数进行格值换算，求得相对于计数器零点的累积重力值，再作固体潮和仪器高等校正，最后再进行零位校正，求得重力差。

普通石英弹簧重力仪的读数，相对于计数器零点的累积重力差值 g_{0i}，由仪器读数 S_i 直接与格值 K 相乘得到：

$$g_{0i}=K\times S_i \tag{4-1}$$

LCR 重力仪则因为采用分段格值（格值表），而使得换算过程稍显复杂。其读数值相对于计数器零点的累积重力差值 g_{0i}，换算方法见式（2-9）。

3. 零位校正前的各种校正

由于重力固体潮变化具有非线性特征，且其变化幅度远远超过重力测量的一般允许误差，故有必要专门进行重力固体潮校正。普通石英弹簧重力仪和 LCR 重力仪，都属于由人工进行读数的仪器，被统称为第二代重力仪。这类仪器的读数在经过格值转换，得到累积重力差值的基础上,需要先用专门的固体潮计算软件算出各个读数观测时刻的固体潮值(计算时需要使用测区或测点经纬度参数),再进行校正计算。

当各个测点上,仪器安置高度存在一定差异时,一般还需要用正常重力垂直梯度(-0.3086×10^{-5} m/s² · m)来进行仪器高校正。校正后的重力读数为:

$$g_i = g_{0i} + g_{ET} + g_h \tag{4-2}$$

式中:g_i为校正后的重力读数;g_{0i}为仪器读数相对于计数器零点的累积重力值;g_{ET}为测点的固体潮校正值;g_h为测点的仪器高校正值。

仪器高的数值,是在观测点上调平仪器之后,用尺子量取的仪器上的固定位置(如仪器底面或底盘上沿等)与代表测点高度的桩顶或水平地面间的相对高差,约3mm高差精度对应改正值1×10^{-8} m/s²精度。

这两项校正,在初次实践中经常容易犯的错误是把校正值的符号弄反。

CG-5和贝尔雷斯等全自动重力仪的固体潮校正,可以通过仪器参数设置进行自动校正。仪器内部软件的校正精度约±1×10^{-8} m/s²。全自动重力仪也需要人工量取仪器高度,在外部进行仪器高校正,以获得经校正后的重力读数 g_i。

四、单程观测重力差计算

单程观测法的观测路线为重力仪从基点开始,经过一系列重力测点观测,最后闭合于基点。由于通常重力仪的零位变化是具有一定非线性特征的,故线性零位校正的方法本身是近似的,校正误差取决于重力仪的零位变化特性和闭合时间长短,闭合时间越短,越有利于取得较好的零位校正效果。

野外工作中,通常根据所使用仪器的性能、工区交通条件和对重力测量精度的要求等,在技术设计书中明确规定了基点的闭合时间。

当重力观测闭合于同一基点时,各测点相对重力值的计算公式如式(4-3):

$$\Delta g_i = G_1 + (g_i - g_1) - \frac{(g_2 - g_1)}{(T_2 - T_1)} \times (T_i - T_1) \tag{4-3}$$

当重力仪观测闭合于不同基点时,观测点重力值的计算公式如式(4-4):

$$\Delta g_i = G_1 + (g_i - g_1) - \frac{(g_2 - g_1) - (G_2 - G_1)}{(T_2 - T_1)} \times (T_i - T_1) \tag{4-4}$$

式中:Δg_i为测点相对于起始基点G_1的重力差值;G_1、G_2分别为起始基点、闭合基点重力值,为所在重力基点网的相对或绝对重力值;g_1、g_2、g_i分别为起始基点、闭合基点、测点经格值换算和校正后的重力读数;T_1、T_2、T_i分别为起始基点、闭合基点、测点的观测时刻。

在相同测点获得重复测量结果(单次检查)时,根据下式进行观测精度统计:

$$\varepsilon_{观} = \pm\sqrt{\frac{\sum_{i=1}^{n}\delta_i^2}{2n}} \tag{4-5}$$

式中:δ_i为第i个测点2次观测结果(相对重力值)的偏差;n为重复或检查观测点数。

采用单向循环观测法,每一次循环的重力差计算方法与单程观测计算相同。当进行m次循环观测时,每个点也就获得了m个测量值,用算术平均值作为最终测量结果,根据式(4-6)计算平均值的观测精度:

$$\varepsilon_{观} = \pm \frac{1}{m} \sqrt{\frac{\sum_{i=1}^{n}\sum_{j=1}^{m}(\Delta g_{ij} - \overline{\Delta g_i})^2}{n}} \tag{4-6}$$

式中：n 为测点数；m 为循环或重复次数；Δg_{ij} 为第 i 个点第 j 次测量得到的相对重力值；$\overline{\Delta g_i}$ 为第 i 个点的 Δg 平均值。

五、三程循环观测的重力差计算

在有些工作任务中，如基点联测、格值标定或格值校正等，需要得到尽可能准确的观测结果。此时，应将闭合时间缩至最短，即在起始点 G1 观测结束后，只对 1 个目标点 G2 进行观测就再次回到起始点 G1 进行闭合观测，即进行 G1—G2—G1 的观测顺序，这在工作方法上称为快速往返观测法。

重力测量中广泛使用三程循环观测法。即在 G1、G2 两点间进行测量时采用 G1—G2—G1—G2 的观测顺序，在两点之间进行三程跑位，获得 4 个观测数据。

与快速往返观测法相比，三程循环观测法只是多作了 1 次观测，但可以获得 2 个 G1 与 G2 点间的重力差值，这 2 个重力差值称为非独立增量，其均值称为独立增量。在重力基点网联测中，每一条联测边通常要求获得 2 个以上独立增量的测量结果；在格值标定中，每个标段通常要求获得 6 个以上独立增量的测量结果。

非独立增量的计算公式如式（4-7）和式（4-8）：

$$\Delta g_{2,1} = (g_2 - g_1) - \frac{(g'_1 - g_1)}{(T'_1 - T_1)} \times (T_2 - T_1) \tag{4-7}$$

$$\Delta g_{1,2} = (g'_1 - g_2) - \frac{(g'_2 - g_2)}{(T'_2 - T_2)} \times (T'_1 - T_2) \tag{4-8}$$

式中：$\Delta g_{2,1}$、$\Delta g_{1,2}$ 分别为 G2 点与 G1 点及 G1 点与 G2 点的重力差，二者符号相反；g_1、g'_1 分别为 G1 点第一次和第二次的仪器读数，经格值换算和校正后的重力读数；g_2、g'_2 分别为 G2 点第一次和第二次的仪器读数，经格值换算和校正后的重力读数；T_1、T'_1 分别为 G1 点第一次和第二次的观测时刻；T_2、T'_2 分别为 G2 点第一次和第二次的观测时刻。

G1 点和 G2 点之间的测量成果（独立增量）计算公式如式（4-9）：

$$\overline{\Delta g}_{2,1} = \frac{1}{2} \times (\Delta g_{2,1} - \Delta g_{1,2}) \tag{4-9}$$

当相同点之间获得多个独立增量结果时，可以用算术平均值表示最终结果。单个结果及其算术平均值的标准差分别用式（4-10）和式（4-11）计算：

$$\varepsilon_{单} = \pm \sqrt{\frac{\sum_{i=1}^{n}\delta_i^2}{n-1}} \tag{4-10}$$

$$\varepsilon_{均} = \pm \sqrt{\frac{\sum_{i=1}^{n}\delta_i^2}{n(n-1)}} \tag{4-11}$$

式中：δ_i 为第 i 个独立增量与算术平均值的偏差；n 为独立增量个数。

图 4-3 是一个由 3 个点组成的封闭环路上的三程循环观测示意图。其中，横轴表示时间

顺序,纵轴表示重力读数(仪器读数经过格值换算和固体潮等校正等);下、中、上3条近于直线的实线,表示分别在 $G1$、$G2$、$G3$ 三个观测点上的重力读数的连线($G1$ 中间断开为两段)。虚折线(左起)表示从 $G1$ 开始并结束于 $G1$ 的封闭观测线路顺序,依次为 $G1—G2—G1—G2—G3—G2—G3—G1—G3—G1$。

虚折线(路线)与3条实线(3个测点)的交点(共10个)是各次观测的重力读数。在任意2个相邻测点间,虚折线均往返3次(表示三程跑位),其与上、下实线组成一正一倒(重力值增大方向)或一倒一正(重力值减小方向)2个三角形,从三角形顶端向下或向上作垂线至与实线的交点,其线段长度分别是2个符号相反的非独立增量,两点间的独立增量由式(4-9)计算。

当求得各个点间的重力差值之后,可以将所有观测数据归算到其中的某一个点,得到整个测量过程中重力仪的漂移曲线。图 4-3 中,模拟数据归算到 $G1$,并减去 $0.5×10^{-5}\mathrm{m/s^2}$,以便于在一幅图中进行表示。

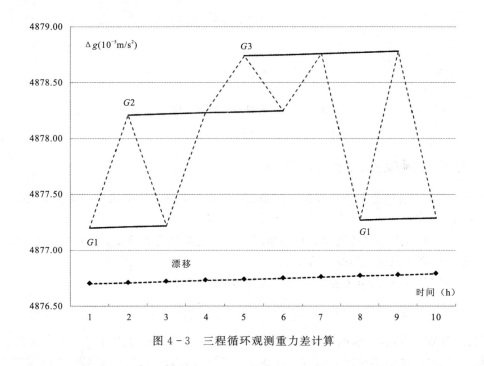

图 4-3 三程循环观测重力差计算

图 4-3 中,虚折线与实线所组成的三角形全部用于各非独立增量计算。当仅在2个点间进行更多次往返观测,以求连续得到多个独立增量时(仪器格值标定或动态试验经常用到),为保证各个独立增量之间的独立性,虚折线与实线所组成的三角形并不全部用于各非独立增量计算。

如图 4-4 所示,由一正一反2个相邻三角形表示1个独立增量,但相邻独立增量之间必须放弃1个非独立增量三角形(图中未封闭的第3、6、9、12、15个三角形);即组成1个独立增量的4个观测数据中,只有最后一个数据与下一个独立增量计算共用。这样,可以使观测误差的传递得到最好地控制,同时使各独立增量尽可能保持其独立性。

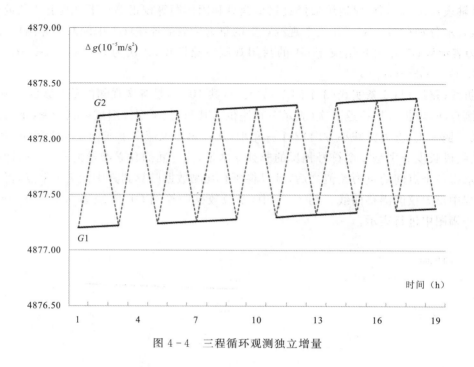

图 4-4 三程循环观测独立增量

六、双程往返观测的重力差计算

双程往返观测的精度不如三程循环观测,常用于一系列相距不远的测点间联测。观测路线为:$G1—G2—G3——GN——G3—G2—G1$。

首先,计算出各点经过格值换算及固体潮改正等之后的重力读数,再计算各观测段重力增量值,一般是计算各相邻点间的重力差。

其中,i 点和 j 点间的重力差值计算公式如式(4-12):

$$\Delta g_{ij} = (g_j - g_i) - \frac{(g'_i - g_i) - (g'_j - g_j)}{(T'_i - T_i) - (T'_j - T_j)} \times (T_i - T_j) \quad (4-12)$$

式中:g_i、g'_i 分别为 i 点往、返观测得到的经固体潮等改正后的重力读数;g_j、g'_j 分别为 j 点往、返观测得到的经固体潮等改正后的重力读数;T_i、T'_i 分别为 i 点往、返观测时刻;T_j、T'_j 分别为 j 点往、返观测时刻。

一次完整的双程往返观测可以获得所有点间一套完整的重力差值,当进行 n 次完整的双程往返观测时,所有点间均可得到 n 个重力差值。用算术平均值表示最终测量结果,单个结果及其算术平均值的标准差仍分别用式(4-10)和式(4-11)计算。

观测中,末点 GN 可以只进行一次测量。若 GN 观测结束后并不立即前往下一点($GN-1$)进行观测,而是有所停留,则建议前往 $GN-1$ 之前对 GN 进行再次观测。

在式(4-12)中,i 点和 j 点可以是相邻点,也可以不是。但首次观测 i 点应在 j 点之前,返程观测时 i 点在 j 点之后。该式的右边第二项是零位校正值,其含意是:将 j 点前后两次观测之间的重力读数差和时间差,都从 i 点前后两次观测之间的重力读数差和时间差中减去,并将 T_i 至 T_j 及 T'_j 至 T'_i 两段时间里的仪器漂移率视作相等,在此前提下进行零位校正。若这两段时间相距较长(T_j至T'_j时间较长),上述前提便不易满足。所以,双程往返观测的精度,是低于三程循环观测的。

在若干个相距不远的测点间(点数不太多,点间观测时间间隔不长),使用双程往返观测进行联测,则具有比三程循环更高的测量效率,且精度相差有限。

七、逐次渐近图解平差法

重力基点网一般是由若干多边形闭合圈组成的,各闭合圈由公共边相互联系。由于测量中不可避免地会存在误差,一般来说,各闭合圈的闭合差不为零。平差的目的就是将这些闭合差合理地分配到各边段上去,并据此进行网的精度评定。

在重力勘探中,基点网主要用于仪器零位改正和传递重力值。通常是根据使用需要进行布置和联测(自由网);其与国家或省级网中的已知点联测,可确定基点的绝对重力值。如果自由网中的某些边是由高一级控制点(精度更高)组成的,这些边称为"坚强边"。"坚强边"是不参与平差的。

本实验中,基点网平差的基本数据,来自在校园基点网(图4-5)进行的三程循环或双程往返重力观测。每个小组完成1个小闭合圈的观测,大组完成整个网的观测。各边重力差值的计算中,有效数字位数保留至$1×10^{-8}\text{m/s}^2$,按自由网进行图解法平差。

各闭合圈的闭合差主要来自测点观测误差,以及未改正完全的零位变化值,所以,闭合差分配时,可视具体情况,按各边段观测时间长短、观测次数等因素,来确定分配的权系数(称为"红数")。在实验观测中,基点网各边路程、观测时间和观测次数均相同(等精度测量),故各边的分配系数相等,"红数"确定为相应闭合圈边数的倒数。

由于各闭合圈是由各公共边相联系,因而它们之间不是彼此孤立的,在平差过程中,不仅应考虑本圈原始闭合差的分配,还要考虑由邻圈分配来的数值(构成新的闭合差)的再分配。为此必须采用逐次渐近分配的方法。

平差前,应首先绘出基点网各闭合圈的简图(图4-6),并注上各基点和各闭合圈编号(如Ⅰ、Ⅱ、Ⅲ……)。取顺时针方向作为计算重力增量的正方向,对基点网中任一边段来说,如

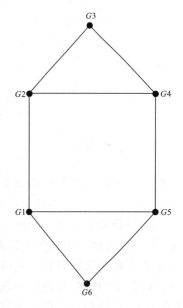

图4-5 校园重力基点网布局

果重力沿此方向增加,则该边的重力增量取正号,反之取负号,并写在相应边段的外侧。公共边上增量的数值是取正、反向增量绝对值的平均值(两个小组各有1个测量结果),然后再加上原有正负号,写在各闭合圈的外侧。

逐次渐近图解平差具体步骤如下:

(1)计算各圈的原始闭合差。即求出该圈各边段重力增量的代数和,并写在各圈中心的方框内。校验:沿整个基点网外围各自由边的重力增量之和,应等于各多边形闭合圈的闭合差代数和。

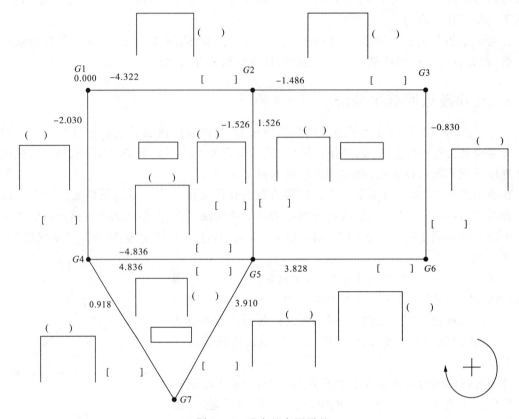

图 4-6 重力基点网平差

(2) 确定闭合圈各边的分配系数。本次实验每边的分配系数取为每圈边数的倒数,并将它们用红笔注在相应边外侧的括号"()"内。

(3) 进行初次分配。为减少平差时分配闭合差的次数,总是从原始闭合差最大的一个闭合圈开始。各边的分配值等于该圈的闭合差与该边分配系数的乘积。分配值与闭合差的符号相同,记在各边外缘的开口方框内(分配值计算的最小单位为 $1 \times 10^{-8} \mathrm{m/s^2}$)。当闭合差小到仅 1～2 个最小单位时,可将它们直接分配到 1～2 个自由边上去,而不必分给公共边。分到公共边的分配值,除记在边段外缘开口方框内之外,还要加记在邻圈原始闭合差的中心方框下。分配完毕,在闭合差下方画一长直线。

(4) 检查各圈闭合差有否变动,如这时已有邻圈分配到公共边的分配值,则应将邻圈分配来的分配值与原始闭合差求代数和,得到本圈新的闭合差,写在其下方;再找出此时闭合差最大的圈,并按步骤(3)所述方法进行分配,同样在该闭合差数值下边画一条长直线,以表示该闭合差已分配完毕。

(5) 重复步骤(4)依次分配,直到轮完全部闭合圈后,再按原顺序进入第二轮分配,如此反复多次,直至各圈闭合差都为零为止。

(6) 确定各边分配总值。求出开口方框中诸分配值的代数和,并写在开口框下(二者之间画一横线隔开)。

(7) 计算各边的校正值。各自由边外侧的分配值之和反号,即为该边的校正值。公共边的校正值除了外侧的分配总值应取相反符号外,还要加上其内侧的分配总值。将所求出的各边校正值写在相应边原始重力增量的右侧。

(8) 计算出各边经校正后的重力增量值,写在其外侧的方括号"[ ]"内。

(9) 检验上述平差过程是否有误,平差后各闭合圈重力增量之和应等于零,否则即有误。

(10) 推算各点相对于起始基点($G1$)的相对重力值,并写在各基点编号下方。

(11) 计算基点网的精度,等精度测量的基点网精度用式(4-13)和式(4-14)计算:

$$\text{基点联测精度(平差前)}: \varepsilon = \pm \sqrt{\frac{\sum_{i=1}^{m} V_i^2}{S}} \tag{4-13}$$

$$\text{平差后基点网评定精度}: \varepsilon_\Psi = \pm \sqrt{\frac{n}{m}} \times \sqrt{\frac{\sum_{i=1}^{m} V_i^2}{S}} \tag{4-14}$$

式中:V_i 为第 i 边的平差改正值(公共边只计算 1 次);m 为基点网边数;n 为基点总数减 1;S 为闭合圈数目($S=m-n$)。

图 4-6 是用逐次渐近图解平差法进行重力网平差的格式图,其中给出的重力增量是真实数据,单位是 $10^{-5}\,\mathrm{m/s^2}$。参照该图及上述步骤设计本实验的校园重力基点网平差图,并完成平差任务。也可以用图 4-6 进行逐次渐近图解平差方法练习。

七、实验报告编写

1. 实验目的和要求
2. 实验内容

(1) 简述三程循环和双程往返观测方法,并分析二者各自的应用优势。

(2) 计算本小组获得的三程循环或双程往返观测数据,列出段差计算结果表,并各自数据计算闭合差,用以分析和评价本小组数据质量。

(3) 简述基点网平差的目的和基本方法,并使用所在大组校园基点网观测整理的成果数据,进行逐次渐近图解法基点网平差。

(4) 列表给出各边经平差后的重力段差和推算的各点相对重力值(取 $G1=0$),并对基点网的联测精度和平差后基点网精度进行计算评价。

3. 问题讨论

(1) 用双程往返观测数据进行计算时,漂移改正的含意是什么?该方法应用时,在具备何种前提情况下,可以获得较理想的测量成果?

(2) 是否可以用沿基点网外围各自由边平差后的重力增量之和为零与否,来判别和检验平差过程和结果有无问题?为什么?

实验五　重力仪性能测试与格值标定

一、实验内容和要求

(1) 了解重力仪性能测试的目的和意义,掌握测试流程及数据计算和整理方法。

(2) 掌握重力仪的静态试验、动态试验及一致性试验结果的图示和评价方法。

(3) 掌握重力仪格值标定和检验的要求及技术程序,并了解不同型号重力仪格值系统、标定手段、观测数据整理及格值使用方法的差异。

(4) 了解金属弹簧重力仪和石英弹簧重力仪性能指标的主要区别,以及相同型号重力仪之间的技术指标的一般差异。

二、重力仪性能试验方法

由于不同重力仪性能参数可能具有比较明显的差异,故通常要求在仪器投入施工前进行系统的性能测试。对重力仪性能的掌握和长期跟踪,是重力工作的重要任务之一。重力仪性能试验内容包括静态试验、动态试验、多台仪器间的一致性试验等。

1. 静态试验

施工前,在地基稳定、环境振动及温度变化均较小的室内,进行不少于24h的定点连续观测。人工观测的重力仪(LCR、Z-400等)每隔20~30min读1个数,全自动重力仪(CG-5、贝尔雷斯等)每隔1~10min读1个数。经格值换算和固体潮改正后,得到重力仪的静态零位移曲线。

重力仪的静态曲线应近于线性,在具体重力勘探任务的技术设计书中,所设计的重力仪闭合观测时间内,零点位移曲线与近似直线(或回归直线)的最大偏差,应小于该设计书中规定的测点重力观测均方差。

重力仪的弹性系统部分,是由手工制作和调试完成的,故不同仪器的漂移率水平具有很大差异。一般随着使用时间的延续,漂移率会逐渐减小,但不同仪器的变化规律也不尽相同,可以见到漂移率相差10倍的情况。

常用重力仪的漂移率状况大致为:①金属弹簧重力仪(LCR、贝尔雷斯)的静态漂移率通常不超过 0.15×10^{-5} m/s² · d,性能稳定的仪器可以达到不超过 0.03×10^{-5} m/s² · d 的水平。②石英弹簧重力仪(CG-5、Z-400等)的静态漂移率通常不超过 2.5×10^{-5} m/s² · d,性能稳定的仪器可以达到不超过 0.5×10^{-5} m/s² · d 的水平。

对于仪器的使用而言,关键的是零位移曲线与近似直线的最大偏差,该参数在很大程度上决定了仪器的精度。但漂移率较大的仪器,这个"最大偏差"也往往较大,而且漂移率长期偏大会明显缩短石英弹簧重力仪的使用寿命,并可能进一步影响到仪器格值的稳定性。金属弹簧重力仪则因漂移率整体较低,这些问题不明显。

重力仪静态漂移性能的评价,须在漂移曲线(石英弹簧重力仪还要作残余漂移曲线)的基础上,提取漂移率、"最大偏差"(或残余漂移振幅)、残余标准差等指标(见本教材"实验三"相关内容)。

图3-15和图3-16,分别是CG-5重力仪的静态漂移曲线及其残余漂移,该仪器的静态漂移率约为1.214×10^{-5} m/s²·d,残余漂移振幅约为0.0116×10^{-5} m/s²("最大偏差"为0.0062×10^{-5} m/s²),残余标准差约为$\pm0.002\times10^{-5}$ m/s²,静态性能正常。

"最大偏差"和残余漂移振幅,通常约为残余标准差的±3倍和6倍。这些参数的数值与漂移曲线的时间跨度是有关的,时间跨度越小,数值也越小(图4-1)。因此,在确定野外重力测量闭合时间长度时,拟确定的闭合时间内,残余标准差必须小于施工设计书中规定的测点重力观测均方差的1/3。例如,某仪器在规定的闭合时间内,根据漂移曲线求得残余标准差为$\pm2.0\times10^{-8}$ m/s²,则按照这个闭合时间进行野外重力测量,重力观测精度预计可以达到$\pm6.0\times10^{-8}$ m/s²左右水平。

由于重力仪的静态漂移并不十分稳定,即多次静态试验结果可能存在一定差异。所以,在进行静态试验前,仪器必须充分稳定,最好通上电并静置1周以上(此前还需进行测程和读数位置调整);必要时可多次进行静态试验,以期得到仪器较可靠的静态性能。无论是在技术设计或是对测量精度的预测,都必须留有余量。

2. 动态试验

在施工前,动态试验的连续观测时间应不少于12h,在两个或更多测点之间进行试验观测。采用三程循环或双程往返观测方法,试验点间重力差不小于3×10^{-5} m/s²(仅在两点间进行观测时重力差应更大些),相邻点间观测时间间隔约20min。

重力仪的动态观测数据,经格值换算和固体潮改正后(必要时还须作仪器高改正),进行零位校正,同时求得测点间的重力差值。然后,将所有观测数据归算到其中的某一个点,得到整个测量过程中重力仪的动态漂移曲线。

计算重力仪动态观测精度,其均方差应小于设计的测点重力观测均方差的1/2或小于设计的基点联测均方差值。动态观测均方差计算公式如式(5-1):

$$\varepsilon=\pm\sqrt{\frac{\sum_{i=1}^{m}\delta_i^2}{m-n}} \qquad (5-1)$$

式中:δ_i为相邻两点间各个增量与平均增量值之差;m为增量的总个数;n为试验观测的边数(当只在2个点上观测时,$n=1$)。

根据动态零点位移曲线与近似直线(或回归直线)的最大偏差小于观测均方差的时间长度,确定(设计)重力测点观测的基点闭合时间。

重力仪的动态漂移率一般大于静态漂移率。这方面,金属弹簧重力仪(LCR)表现得更加明显,有时动态漂移率超过静态的2倍。CG-5重力仪的动态和静态漂移率差别不大,但往往动态漂移的残余振幅会明显超过静态漂移。

图5-1至图5-6,这6幅图分别是3台CG-5重力仪的动态漂移曲线及动态残余漂移,采用两点间三程循环观测方法,试验时间约9.2h,取得独立增量16个。图5-7和图5-8是2台LCR重力仪的动态漂移曲线(该数据是在庐山国家级格值标定场取得的,因漂移很小,故

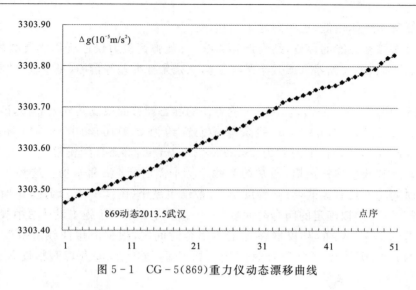

图 5-1 CG-5(869)重力仪动态漂移曲线

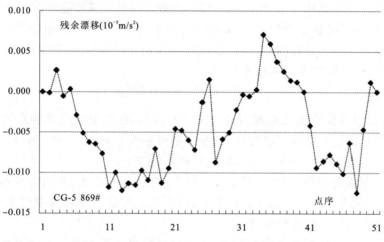

图 5-2 CG-5(869)重力仪动态残余曲线

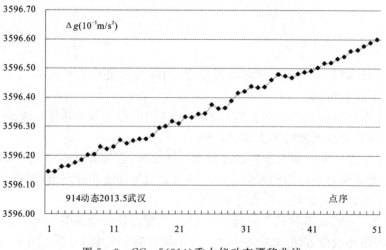

图 5-3 CG-5(914)重力仪动态漂移曲线

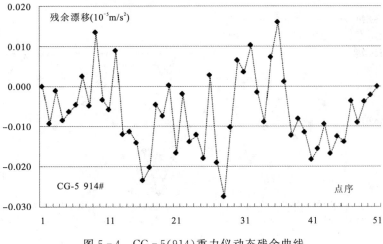

图 5-4　CG-5(914)重力仪动态残余曲线

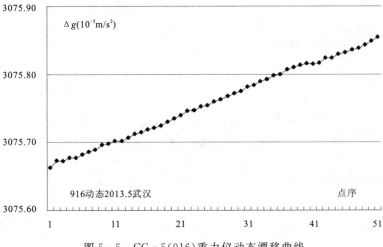

图 5-5　CG-5(916)重力仪动态漂移曲线

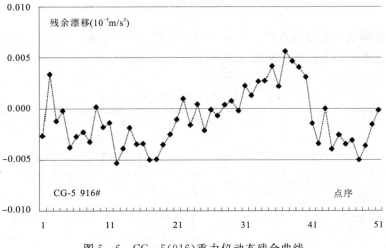

图 5-6　CG-5(916)重力仪动态残余曲线

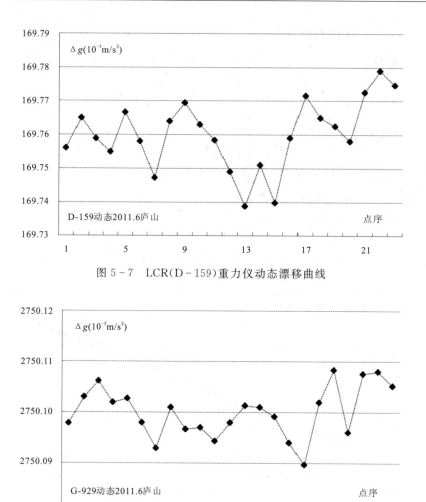

图 5-7 LCR(D-159)重力仪动态漂移曲线

图 5-8 LCR(G-929)重力仪动态漂移曲线

未给出残余漂移曲线),采用两点间三程循环观测方法,试验时间约 9.0h,取得独立增量 7 个。根据试验结果提取的动态性能指标见表 5-1。

表 5-1 5 台重力仪的动态性能指标

仪器号	漂移/小时 $(10^{-5} m/s^2)$	残余漂移振幅 $(10^{-5} m/s^2)$	点间重力差 $(10^{-5} m/s^2)$	独立增量 (个数)	动态观测精度 $(10^{-8} m/s^2)$
CG-5 869	0.040	0.019	4.2	16	3.3
CG-5 914	0.051	0.043	4.2	16	4.4
CG-5 916	0.021	0.011	4.2	16	1.9
LCR D-159	约 0.0016	0.035	85.9	7	8.4
LCR G-929	约 0.0004	0.018	85.9	7	5.1

由表 5-1 可见：①CG-5 的漂移率约为 LCR 重力仪的数十倍；②CG-5 和 LCR 重力仪的动态残余漂移振幅相当（即 2 种仪器精度相当），其值不大于 $0.05\times10^{-5}\,\mathrm{m/s^2}$，约为静态残余漂移振幅的 2~3 倍；③由式（5-1）可求得的动态观测精度，但由于独立增量个数和点间重力差的差异巨大，故两种仪器的动态精度不宜直接进行比较。

3. 一致性试验

当多台重力仪将要在同一工区进行施工时，需要检测各仪器对工区重力场响应的一致性。试验点一般不少于 15 个，相邻点间重力差值一般不小于 $3\times10^{-5}\,\mathrm{m/s^2}$，且最大重力差值和仪器的读数区间应与工区相当（故常在工区进行该试验）。采用汽车或步行运送仪器，观测条件与实际工作时相似。

观测方法一般可采用单次观测法。当时间充裕，同时希望获得更准确结果时，可采用双程往返观测法。对观测数据进行计算，获得所有测点相对于起始点的重力差值后，根据式（5-2）计算各台仪器间一致性均方差：

$$\varepsilon_{\text{一致性}}=\pm\sqrt{\frac{\sum_{i=1}^{n-1}\sum_{j=1}^{m}V_{ij}^2}{m(n-1)}} \qquad (5-2)$$

式中：$i=1\sim(n-1)$，为重力差编号；$j=1\sim m$，为仪器编号；V_{ij} 为某台仪器 j 第 i 个重力差与全部仪器该段重力差平均值的偏差；m 为仪器台数；n 为观测点数；$(n-1)$ 为每台仪器测得的重力差个数；$m(n-1)$ 为重力差值的总数，即 V_{ij} 的总个数。

一致性试验中，单台仪器的观测误差计算公式如式（5-3）：

$$\varepsilon_{j\text{单}}=\pm\sqrt{\frac{\sum_{i=1}^{n-1}(a_{ij}-\bar{a}_{ij})^2}{n-1}} \qquad (5-3)$$

式中：a_{ij} 为第 j 台仪器第 i 个重力差；$\bar{a}_{ij}$ 为多台仪器第 i 个重力差的平均值。

各台仪器间一致性均方差应不超过施工设计书规定的测点重力观测均方差，若超过则应查明原因，采取相应措施，或重新做一致性试验。当某单台仪器的一致性误差过大，则应考虑不使用该仪器。若动态试验的点间重力差足够大、测点足够多，也可以使用动态试验结果来计算各仪器间的一致性精度。

3 台 CG-5 重力仪，采用单次观测法，在 22 个点上进行了一致性试验（$n=22,m=3$），各得到 21 个重力差值（首尾闭合在同一点）。图 5-9 是各台仪器的一致性偏差（V_{ij}）曲线，一致性精度计算结果见表 5-2。

3 台仪器的一致性精度为 $0.0053\times10^{-5}\,\mathrm{m/s^2}$，该结果基本正常。考虑到试验场重力差偏小（最大重力差约 $16.3\times10^{-5}\,\mathrm{m/s^2}$）因素，进一步计算了各仪器的一致性精度，发现 914 仪器一致性精度偏低。同时，图 5-9 显示，一致性偏差曲线中最大偏差点的互差值达到了 $0.029\times10^{-5}\,\mathrm{m/s^2}$；其中，短虚线为 914 仪器的偏差，"离群"较清楚。

剔除 914 仪器，重新进行一致性试验精度计算（$n=22,m=2$）。剩下的 869 和 916 仪器的一致性精度为 $0.0035\times10^{-5}\,\mathrm{m/s^2}$，有明显改善；此时，一致性偏差曲线最大偏差点的差值大幅减小到 $0.012\times10^{-5}\,\mathrm{m/s^2}$（图 5-10）。这说明 914 仪器的一致性存在一定问题。

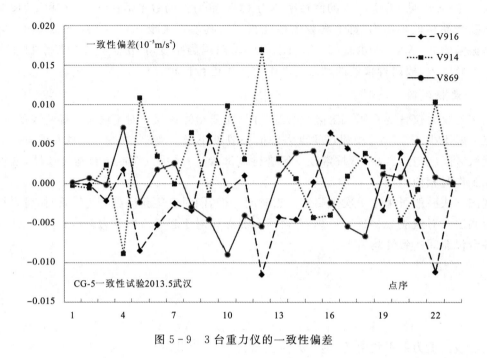

图 5-9 3 台重力仪的一致性偏差

表 5-2 一致性试验精度

仪器号	3 台仪器一致性精度(10^{-5} m/s^2)	2 台仪器一致性精度(10^{-5} m/s^2)
CG-5 869	±0.0042	±0.0035
CG-5 914	±0.0063	—
CG-5 916	±0.0052	±0.0035
全部重力仪	±0.0053	±0.0035

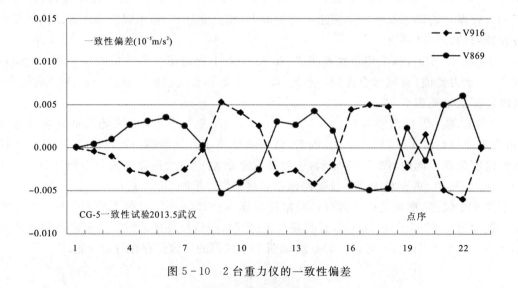

图 5-10 2 台重力仪的一致性偏差

一致性精度主要反映了：①仪器的格值变化；②与仪器测量段（读数位置）有关的周期性误差；③观测中的随机误差。当试验场的重力差值有限时，格值的影响往往可以忽略；但是，仪器格值标定的读数范围，应该包含一致性试验所使用的读段。观测中的随机误差，可以通过仪器状态调理或改善观测条件等进行控制，在重复试验中会有不同表现。因此，影响一致性精度的最主要因素是与仪器测量段有关的周期性误差，现有资料表明，LCR-G 和 CG-5 重力仪都存在这一误差，幅度可超过 $0.02\times10^{-5}\,\mathrm{m/s^2}$。

三、重力仪格值及其标定

1. 重力仪的格值

各种重力仪具有不同直接测量范围（表 4-1）。重力仪格值具有非线性特征，即不同读数范围的格值是存在一定差异的。图 5-11 和图 5-12 分别是 LCR G-929 和 LCR D-159 重力仪的格值曲线（间隔因子）实例，2 台仪器的格值均呈现明显的曲线（函数）特征。在全程 $7000\times10^{-5}\,\mathrm{m/s^2}$ 的测量范围内，G-929 的格值相对变化达到 5/1000，在最稳定的 1500～5000 测段，其格值的相对波动区间为 0.2/1000；D-159 仪器在约 $240\times10^{-5}\,\mathrm{m/s^2}$ 的直接测量范围里，格值相对变化超过 20/1000。

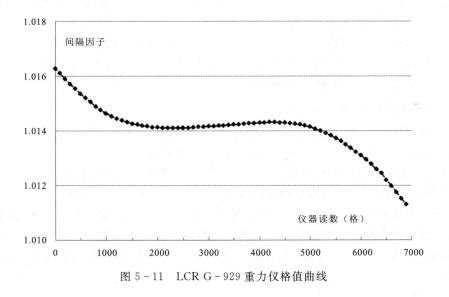

图 5-11 LCR G-929 重力仪格值曲线

在重力仪的直接测量范围内，进行分段精细标定，可以得到较可靠的格值函数。LCR-G 和 LCR-D 的格值表分别约以 $100\times10^{-5}\,\mathrm{m/s^2}$（100 格）和 $12\times10^{-5}\,\mathrm{m/s^2}$（100 格）为间隔分段，贝尔雷斯（CALIB）的标定间隔则为 $50\times10^{-5}\,\mathrm{m/s^2}$（50 格）。这 3 种仪器，是出厂前首先用克劳特-克罗夫特·简尔装置，在室内标定出弹簧各部分的相对间隔因子，然后再用一条 $242\times10^{-5}\,\mathrm{m/s^2}$ 的野外基线标定获得线性比例因子，用它对相对间隔因子进行线性修正后，得到格值表。在仪器使用前，只需要在标定场对线性比例因子进行检定即可，必要时进行修正。

CG-5（包括 CG-3 和 CG-4）重力仪，出厂前厂家（Scintrex 公司）已经在实验室对格值函数的二次项（非线性因子 GCAL2）进行了评估和调整，并植入了仪器软件，使用者无需改动。

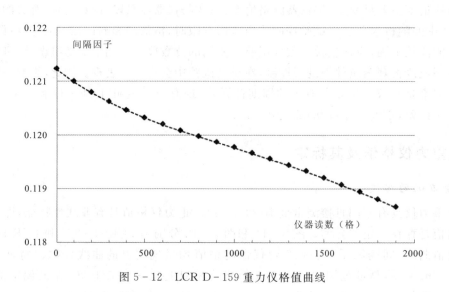

图 5-12 LCR D-159 重力仪格值曲线

同时,还提供了在多伦多(北纬 43.7°)北部的 Orangeville 标定场(段差 119.218×10^{-5} m/s^2)获得的线性比例因子(GCAL1,已植入软件)。在仪器使用前只需对线性比例因子 GCAL1 进行检定即可,必要时可对其进行修正。

表 4-1 中,直接测量范围 100×10^{-5}～400×10^{-5} m/s^2 的其他仪器,厂家只提供参考格值,而不提供分段格值表(部分 LCR-D 也无格值表)。这些仪器在使用时,通常要求按 100×10^{-5} m/s^2 为间隔进行分段标定,直接获取各段的格值。

2. 重力仪格值标定场

重力仪格值标定场分为山坡标定场(短基线)和长基线标定场两种。

山坡标定场:利用山下和山上在较短距离内的较大重力差值,沿公路设置几个至二十几个观测点(在离开公路不远的僻静处建筑长期观测墩),使用多台高精度重力仪,经过多次重复观测建立的格值标定场,各点相对重力值的标准差约为±(2～3)×10^{-8} m/s^2。

在山坡标定场进行重力仪标定时,直接利用公路,以汽车为运输工具,实现快速重复观测,常用观测方法为三程循环和双程往返法。我国目前拥有江西庐山和北京灵山两个国家级山坡标定场,基本参数见表 5-3。省(区)级标定场通常由 2～4 个点组成,最大重力差一般大于 80×10^{-5} m/s^2。

表 5-3 国家级重力仪标定场基本参数

标定场名称	江西庐山标定场	北京灵山标定场
里程/站数	约 23km/24 站	约 47km/26 站
最大重力差	232.24×10^{-5} m/s^2	248.41×10^{-5} m/s^2
各段重力差范围	8.2×10^{-5}～12.2×10^{-5} m/s^2	7.1×10^{-5}～15.9×10^{-5} m/s^2
经度/纬度(概略值)	E116.0°/N29.0°	E115.5°/N39.9°
测点海拔高程	36～1092m	332～1404m

长基线标定：利用国家重力网中，位于南北交通干线上的高等级重力点（基本都是经过绝对重力测定的高精度绝对点）之间数百至数千毫伽（$10^{-5}\,\mathrm{m/s^2}$）重力差，对全球型重力仪进行的分段格值标定或线性比例因子检定。

全球型重力仪指直接测量范围不小于 $7000\times10^{-5}\,\mathrm{m/s^2}$ 的 LCR-G、CG-5 和贝尔雷斯重力仪等。野外测量工作开展之前，首先需要对测区重力值分布（场值大小和变化范围）进行估计，格值标定的仪器读数区间应该完全覆盖即将使用的测量段。

全球型重力仪往往用于大范围的重力测量，涉及的地理区域和重力场值范围均很大，山坡标定场不能满足标定要求。如重力仪将在整个华北地区开展测量，则需要选择在武汉—郑州—北京—长春（或哈尔滨）一线进行标定；如重力仪将在整个华中和华南地区开展测量，则需要选择在郑州—武汉—长沙—广州（或南宁）一线进行标定。

我国幅员辽阔，南北地理纬度差超过 $40°$，重力差超过 $3000\times10^{-5}\,\mathrm{m/s^2}$。用长基线进行重力仪标定，传统的运输工具是民航飞机，现在也可以利用高速客运铁路。

直接测量范围较小的重力仪，可以在山坡标定场方便地实现全量程标定。从方法上来说，全球型重力仪也可以使用山坡标定场进行标定（只获取线性比例因子）。但是，山坡标定场通常无法满足全球型重力仪对即将要使用的测段进行直接标定的要求。全球型重力仪使用长基线进行标定的优势还有：①长基线比山坡标定场具有更高的相对精度；②使用长基线进行标定，可使与重力仪测量段（读数位置）有关的周期性误差的影响大幅减小，从而有效地控制标定误差。

在长基线标定中，重力仪的基本观测方法依然是三程循环和双程往返法，但需要更加灵活地加以运用。当飞机或火车已到达目的地，而又无法及时对目标点进行观测，或在航班（列车）等待时间过长等情况下，均应考虑进行辅助点（或称为连接点）测量，并事后对辅助点进行联测。尽管长基线标定的复杂程度和成本都很高，但当前执行的各种重力规范仍然要求全球型重力仪采用这种标定方式。

3. 格值标定的精度要求

以重力仪采用三程循环观测法进行格值标定为例，对格值标定的精度要求进行说明。在相同点间至少取得 8 个独立增量，其中不合格增量（与平均值的偏差超过 3 倍标准差）不超过 2 个。按式（4-9）计算观测点间的各个重力差值 Δg，并求得全部合格独立增量的平均值 $\Delta g_{均}$。按式（4-11）计算平均独立增量 $\Delta g_{均}$ 的标准差 $\varepsilon_{均}$。

从标定场参数表中查得相应点间的标准重力差值 ΔG。重力仪相应测段的格值 K（线性比例因子）用式（5-4）计算得到：

$$K=\frac{\Delta G}{\Delta g_{均}} \tag{5-4}$$

格值 K（线性比例因子）的相对误差用式（5-5）计算：

$$\varepsilon_{K相对}=\frac{\varepsilon_{均}}{\Delta G} \tag{5-5}$$

不同的重力测量任务对仪器格值具有不同的要求。《区域重力调查工作规范》规定：建立省（区）级重力仪格值标定场时，重力仪格值测定的相对误差（$\varepsilon_{K相对}$）应小于 1/10 000。建立除末级基点网外的各级基点网时，重力仪格值测定的相对误差应小于 1/5000。建立末级基点网及进行普通测点观测时，重力仪格值测定的相对误差应小于 1/2000。

对于没有格值表,且直接测量范围超过 $120 \times 10^{-5} \mathrm{m/s^2}$ 的重力仪,应考虑分段(每段约 $100 \times 10^{-5} \mathrm{m/s^2}$)标定格值。不同标定段格值之间的差值用相对变化值表示:

$$V_{K_{ij}} = \pm 2 \times \frac{|K_i - K_j|}{(K_i + K_j)} \qquad (5-6)$$

式中:K_i 为第 i 段格值;K_j 为第 j 段格值;i 和 j 为相邻测段。

如果相邻段格值的相对变化($V_{K_{ij}}$)很小,可以考虑使用平均格值。《区域重力调查工作规范》中规定:在建立省(区)级重力仪格值标定场时,两段格值的相对变化应不大于 1/7100;建立除末级基点外的各级基点时,两段格值的相对变化应不大于 1/3600;建立末级基点和测点观测时,应不大于 1/1400。满足此条件时,仪器在这两段区间内可使用两段的平均格值;否则,应该使用分段格值进行资料计算整理。

四、动态试验和一致性试验原始数据(表 5-4～表 5-6)

表 5-4 CG-5 重力仪(0869#)两点间往返动态试验数据

点号	重力读数(固体潮校正后)($10^{-5} \mathrm{m/s^2}$)	时间(十进制)(min)
1	3303.468	0
4	3299.281	10
1	3303.485	18
4	3299.295	26
1	3303.497	34
4	3299.307	44
1	3303.506	52
4	3299.318	67
1	3303.519	73
4	3299.331	85
1	3303.528	90
4	3299.343	102
1	3303.542	113
4	3299.356	127
1	3303.557	134
4	3299.372	145
1	3303.572	151
4	3299.389	168
1	3303.586	175
4	3299.401	183

续表 5-4

点号	重力读数(固体潮校正后)(10^{-5} m/s²)	时间(十进制)(min)
1	3303.607	201
4	3299.42	208
1	3303.62	224
4	3299.432	231
1	3303.639	245
4	3299.455	257
1	3303.646	264
4	3299.462	287
1	3303.664	298
4	3299.48	309
1	3303.683	325
4	3299.496	337
1	3303.698	347
4	3299.518	366
1	3303.718	373
4	3299.529	381
1	3303.729	393
4	3299.541	402
1	3303.742	411
4	3299.554	418
1	3303.751	428
4	3299.559	436
1	3303.761	449
4	3299.575	457
1	3303.775	467
4	3299.587	478
1	3303.792	489
4	3299.599	500
1	3303.808	514
4	3299.627	533
1	3303.827	547

表 5-5　LCR 重力仪(G-929)两点间往返动态试验数据

点号	仪器读数（格）	观测时间（北京时间）	时间（十进制）（min）	固体潮校正值（10^{-5} m/s²）
G-14	2710.260	09:02	0	0.013
G-22	2625.483	09:25	23	0.0044
G-14	2710.285	09:46	44	−0.0041
G-22	2625.499	10:09	67	−0.0128
G-14	2710.297	10:28	86	−0.0197
G-22	2625.509	10:48	106	−0.0266
G-14	2710.300	11:07	123	−0.0326
G-22	2625.522	11:24	142	−0.0375
G-14	2710.313	11:42	158	−0.042
G-22	2625.527	12:03	179	−0.0463
G-14	2710.318	12:23	199	−0.0494
G-22	2625.520	12:45	221	−0.0419
G-14	2710.304	13:03	239	−0.0374
G-22	2625.503	13:23	259	−0.0315
G-14	2710.283	13:41	277	−0.0257
G-22	2625.498	14:00	296	−0.0192
G-14	2710.288	14:20	316	−0.012
G-22	2625.478	14:40	336	−0.0046
G-14	2710.273	14:58	354	0.0024
G-22	2625.475	15:20	376	0.0103
G-14	2710.265	15:43	399	0.0181

注：比例因子 $K=0.999\,258\times10^{-5}$ m/s²/格；该重力仪格值表见本教材"实验二"。

表 5-6　CG-5 重力仪(916#、914#、869#)一致性试验数据

仪器/K	916# / $K=0.999\,81$		914# / $K=0.999\,95$		869# / $K=1.000\,17$	
点号	GRAV（10^{-5} m/s²）	十进制时间（min）	GRAV（10^{-5} m/s²）	十进制时间（min）	GRAV（10^{-5} m/s²）	十进制时间（min）
101	3080.249	0	3625.205	0	3323.686	0
102	3079.131	7	3624.077	9	3322.570	10
101	3080.248	13	3625.195	16	3323.691	19
102	3079.127	21	3624.079	23	3322.577	30
103	3078.250	32	3623.213	32	3321.703	34
104	3077.384	38	3622.338	40	3320.844	40
105	3076.438	43	3621.427	46	3319.902	46
106	3075.449	49	3620.433	54	3318.921	58

续表 5-6

仪器/K 点号	916♯/K=0.99981		914♯/K=0.99995		869♯/K=1.00017	
	GRAV (10^{-5} m/s^2)	十进制时间 (min)	GRAV (10^{-5} m/s^2)	十进制时间 (min)	GRAV (10^{-5} m/s^2)	十进制时间 (min)
107	3074.429	62	3619.414	64	3317.902	64
108	3073.837	67	3618.834	70	3317.309	70
109	3072.615	74	3617.600	77	3316.079	76
110	3071.613	80	3616.619	81	3315.083	82
111	3070.768	85	3615.771	88	3314.244	87
112	3069.900	92	3614.933	93	3313.390	93
113	3069.081	97	3614.102	105	3312.574	99
114	3068.291	109	3613.314	111	3311.794	111
115	3067.594	114	3612.612	117	3311.096	118
116	3066.789	121	3611.805	123	3310.283	126
117	3065.700	129	3610.729	131	3309.196	132
118	3064.824	135	3609.867	143	3308.324	138
119	3063.947	145	3608.998	148	3307.467	149
115	3067.599	152	3612.641	155	3311.116	157
113	3069.082	161	3614.142	163	3312.619	169
108	3073.834	176	3618.923	178	3317.377	177
101	3080.260	183	3625.336	189	3323.797	187

注：观测值"GRAV"已经完成固体潮校正。

五、实验报告编写

1. 实验目的和要求
2. 实验内容

(1) 阐述重力仪性能测试的内容、测试方法、数据整理及仪器性能评价方法。

(2) 用 CG-5 重力仪进行 24h 以上静态试验，根据实验数据绘制静态漂移曲线及残余漂移曲线；提取静态性能指标，并予以评价。

(3) 对提供的 CG-5 重力仪和 LCR 重力仪的 2 套动态试验数据，分别进行计算和处理，绘出动态漂移曲线图；提取动态性能指标，并进行比较和分别评价。

(4) 对提供的 3 台 CG-5 重力仪的一致性试验数据进行计算处理，分别给出 3 台仪器各自的一致性精度及总的一致性精度，并予以评价。

(5) 简述 CG-5 和 LCR 重力仪的格值体系，并说明其使用方法的差别。

3. 问题讨论

(1) 动态试验精度与野外施工中的重力观测精度，二者概念上的差别何在？如何使用动态试验结果对野外施工中重力观测精度进行估计？

(2) 分析一致性试验结果的影响因素，如何做好一致性试验？

实验六　岩石标本密度测定与密度资料整理

一、实验内容和要求

(1)掌握机械式岩石密度计的工作原理和使用方法,了解其密度测定精度。
(2)掌握天平法测定岩石密度的方法和操作技能,并完成一组标本的密度测定。
(3)了解使用天平法测定岩石密度时,采取封蜡处理及密度计算的方法。
(4)了解大样法和小样法测定松散样本密度及对测定结果进行评价的方法。
(5)掌握对岩石密度测定所获资料进行分析、处理和图示的方法。
(6)了解根据重力测量资料进行地层平均密度估计的方法及使用前提。

二、岩石及地层密度

岩石、矿物的密度是指单位体积物质的质量,其单位为 g/cm^3 或 kg/m^3。地下不同地质体之间存在的密度差异,是开展重力勘探工作的地球物理前提条件。地质体的密度也是对重力资料进行地形校正和中间层校正不可缺少的参数;而且,密度资料对于重力异常的正反演计算及解释也具有决定性的作用。因此,对岩石密度的测定以及对测定结果的分析研究是重力勘探工作的一项重要内容。

决定岩石密度的主要因素是:①岩石中的矿物成分及其各种成分的含量;②岩石中的孔隙度,以及孔隙中的充填物的成分和数量;③岩石在地层中所承受的压力大小;④地表岩石的受风化程度。因此,即使是同一种岩石也会存在较明显的密度差异。

地壳平均密度约为 $2.67g/cm^3$。其中,地壳中体积含量约占70%的花岗岩,以及约占陆地地表面积70%的石灰岩的平均密度均接近该数值。

在三大岩类中,沉积岩的密度波动范围在 $1.8\sim3.0g/cm^3$ 之间(黄土约 $1.8g/cm^3$,部分砂岩、泥岩也可低于 $2.0g/cm^3$);岩浆岩的密度在 $2.4\sim4.0g/cm^3$ 之间,主要取决于其成分含量和结构,一般基性岩石密度高于中酸性岩石,暗色矿物(辉石、橄榄石、角闪石等)含量高者密度较大;变质岩的密度在 $2.4\sim3.5g/cm^3$ 之间,其中浅变质岩(板岩、片岩、千枚岩等)通常密度较低(接近砂页岩、石灰岩等),年代久远的深变质岩(片麻岩、麻粒岩、角岩、矽卡岩等)密度较高。

通常情况下,变质作用可使岩石密度增大,但也有例外,如橄榄岩(均值约 $3.1g/cm^3$)经过热液变质作用发生蛇纹石化,密度可减小至 $2.6g/cm^3$ 左右。

常见矿石中,金属矿石密度可达 $5.0g/cm^3$ 或更高(磁铁矿、黄铁矿及部分多金属矿),主要取决于其中金属矿物的品位,其中的铝土矿密度仅约 $2.4g/cm^3$。钾盐和石膏矿的常见密度约 $2.2\sim2.5g/cm^3$(硬石膏可达 $3.0g/cm^3$ 以上);煤的密度约为 $1.1\sim1.7g/cm^3$(不包括褐煤);石油(原油)密度接近于 $1g/cm^3$。参见表 6-1。

表 6-1 常见矿物和岩石参考密度

矿物名称	密度(g/cm³)	岩石名称	密度(g/cm³)
橄榄石	3.3~3.5	橄榄岩(岩浆岩,下同)	2.6~3.6
辉石	3.2~3.6	辉石岩	2.7~3.3
石榴子石	3.4~4.3	玄武岩	2.6~3.3
角闪石	3.1~3.3	辉长岩	2.7~3.4
黑云母	3.1~3.4	辉绿岩	2.9~3.2
蛇纹石	2.5~2.7	安山岩	2.5~2.8
绿帘石	3.3~3.4	粗面岩	2.1~3.2
石英	2.6~2.7	玢岩	2.6~2.9
斜长石	2.6~2.8	角闪岩	2.0~3.3
正长石	2.5~2.6	花岗闪长岩	2.5~3.3
霞石	2.8~2.9	花岗岩	2.4~3.1
方解石	2.6~2.8	流纹岩	2.3~2.7
白云石	2.8~2.9	伟晶岩	2.2~2.6
方铅矿	7.4~7.6	二长岩	2.2~2.6
闪锌矿	3.9~4.2	正长岩	2.3~2.8
重晶石	4.4~4.7	煌斑岩	2.6~2.8
辰砂	8.1~8.3	凝灰岩	2.5~3.3
石墨	2.2~2.3	白云岩(沉积岩,下同)	2.5~2.9
高岭土	2.2~2.6	石灰岩	2.3~2.9
磁铁矿	4.8~5.2	页岩	2.1~2.8
黄铁矿	4.9~5.2	砂岩	2.2~2.8
赤铁矿	4.5~5.2	石英砂岩	2.6~2.8
磁黄铁矿	4.3~4.8	黄土	1.7~1.9
菱铁矿	3.7~3.9	砂砾石层	2.1~2.4
褐铁矿	2.8~3.8	老黏土	2.0~2.3
钛铁矿	4.5~5.0	地表土	1.5~2.2
铬铁矿	3.2~4.4	白垩	1.8~2.5
黄铜矿	4.1~4.3	地表砂层	1.5~2.0
斑岩铜矿	2.3~3.7	片岩(变质岩,下同)	2.2~2.6
黄铜黄铁矿	4.3~4.9	云母片岩	2.5~3.0
石膏	2.2~2.4	千枚岩	2.5~2.8
硬石膏	2.7~3.0	结晶大理岩	2.6~2.9
钾盐	1.9~2.0	黑云母花岗片岩	2.5~3.0
铝矾土(铝土矿)	2.4~2.5	片麻岩	2.5~3.0
烟煤	1.1~1.4	花岗片麻岩	2.4~3.0
无烟煤	1.4~1.7	角岩	2.3~3.5
褐煤	1.1~1.3	蛇纹岩	2.6~3.2
石油	0.97~0.98	矽卡岩	2.8~3.8

在实际工作中,通过直接测定岩石标本的密度大小来确定它们所代表的岩性的密度,或确定它们之间的密度差。密度标本的采集要求如下:

(1)应系统地采集测区内不同构造单元及不同岩性的标本,同时要注意它们的代表性。对于分布范围较广的较厚岩层、测区内的勘探对象及围岩要适当采集较多的标本;而对于薄层、与勘探目的关系不大的岩石可以少采标本。在异常区内及岩性变化较大的地段应多采集,对于正常区及岩性变化不大的地段可以少采集。

(2)采集标本,既要采集浅部的,又要尽量收集或测定钻孔岩芯标本的密度。以便在中间层校正、地形校正和重力异常解释时选择使用。

(3)各统计单元所采集密度标本有足够数量,对各层位、各期次、各种岩性的岩石都应采集足够数量的标本,一般每种不少于30块(标本重量150g左右为宜)。采集点分布应合理,应考虑岩性的横向变化,有足够的代表性。

(4)对于沉积岩、变质岩,主要选择地层发育比较完整、各类岩石产出较齐全、出露良好的剖面采集密度标本;对于岩浆岩,应分岩性和侵入期次采集。

(5)对所采集的标本应及时登记,编号,并注明采集地点、名称、地质年代及深度等。

块状岩(矿)石标本,一般可直接使用岩石密度计或电子天平,用排水法进行密度测定;黏土或大致均匀的砂砾层可使用大样法测定密度;松散砂质层或黄土等可在容积已知的标准容器(或事先对经过容积测定的任何容器)辅助下完成测定。

样本密度测定完成后,需要对数据进行统计处理,得到各种样本的平均密度及其离散指标;再根据地层中各种岩矿石体积含量(或层厚比例)加权,求得地层的平均密度及其波动范围,方可用于重力异常的计算和解释。

三、岩石密度计

密度计有机械式和电子密度计2种,密度测定精确度可达±(0.01~0.02)g/cm³,适用于致密块状岩石标本的密度测定。

1. 机械式密度计原理

密度计的结构如图6-1所示。其主体是一个折式秤臂AOB,且$AO=BO=r$,两臂交角为$(180°-\beta)$。秤臂可绕水平轴心O在垂直平面内转动。

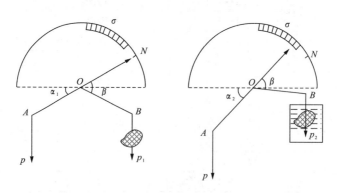

图6-1 机械式密度计原理

当 A 端不放砝码、B 端不挂标本时，O 为整套秤臂的重心，因此，整套系统以 O 为轴呈随遇平衡状态。密度测定时，将标本用一细线悬挂于 B 端，在空气中调整 A 端盘中的砝码，使 AO 与水平线成 α_1 角度，即使秤臂上的指针对准刻度盘上的标志线"N"。此时 A 端砝码重为 p，B 端标本重为 p_1，则平衡时有关系式：

$$p\cos\alpha_1 = p_1\cos(\beta - \alpha_1) \tag{6-1}$$

再将标本浸入水中，标本因受水的浮力，OB 端上升，并在新的位置上达到平衡。假如在新的平衡位置上，AO 与水平线的夹角为 α_2，标本在水中的重量为 p_2，此时新的平衡关系式为：

$$p\cos\alpha_2 = p_2\cos(\beta - \alpha_2) \tag{6-2}$$

从式(6-1)和式(6-2)中解出 p_1 和 p_2，可求解密度值 σ：

$$\sigma = \frac{p_1}{p_1 - p_2} = \frac{\cot\beta + \tan\alpha_2}{\tan\alpha_2 + \tan\alpha_1} \tag{6-3}$$

从式(6-3)中可解出 α_2：

$$\alpha_2 = \arctan\frac{\cot\beta - \sigma \times \tan\alpha_1}{\sigma - 1} \tag{6-4}$$

从式(6-4)中可以看出，整个公式与 p 无关。β 是仪器的构造常数，α_1 可通过调节砝码使其保持不变，故 α_2 仅仅是 σ 的函数。因此，只要根据密度 σ 与 α_2 角的对应关系，便可以刻画密度计的读数盘，用于直接读取岩石标本的密度值。

2. 机械式密度计的使用步骤

(1) 安装仪器，调平底座。

(2) 调节秤臂上的调节螺丝，使秤臂处于随遇平衡状态。

(3) B 端悬挂标本，A 端放砝码，并改变砝码重量，使指针与刻度盘的"N"标志线重合，即使秤臂与水平线成 α_1 夹角。

(4) 平稳地托起盛水容器，将标本全部浸入水中，当秤臂静止时，便可从读数盘上直接读出指针所指示的标本密度值 σ。

3. 电子密度计

电子密度计的实质是 1 个电子天平，密度测定原理同天平法，用排水法测定标本密度。要求在空气中和水中分别称量出标本的质量 p 和 p_1；若水的密度为 σ_0，则标本体积 v 和密度 σ 表示为：

$$v = \frac{p - p_1}{\sigma_0} \tag{6-5}$$

$$\sigma = \sigma_0 \times \frac{p}{p - p_1} \tag{6-6}$$

式中：通常取 $\sigma_0 = 1\text{g/cm}^3$，或取实际水温所对应水的密度值。

电子密度计主要由应变传感器(由应变梁和紧密黏合于其上的一组应变电阻构成)和测量及运算电路等组成，仪器获得 p 和 p_1 这 2 个数据后，通过单片机运算得到密度值 σ，并可以直接显示和进行数据存储、结果打印等。其典型技术指标如下：

密度测定范围：$1.0 \sim 7.0 \text{g/cm}^3$。

测量均方误差：$\pm(0.01 \sim 0.02)\text{g/cm}^3$。

标本体积范围:50～300cm³。

标本重量范围:≤450g。

使用温度范围:0～40℃。

电子密度计操作比机械式密度计简便,但由于电子器件的老化等,使用寿命明显比机械式密度计要短。同时,测量开始时必须注意首先置零。

四、天平法密度测定

物体在水中减轻的质量等于它所排开同体积水的质量(4℃的水之密度为 1.0g/cm³),排开水的体积就等于物体的体积。设用天平称得标本在空气中的质量为 p,称得标本在水中的质量为 p_1,则标本的密度可用式(6-6)计算。

对于多孔或疏松的标本,因标本吸水或遇水融化等,将严重影响密度测定结果,有时甚至无法获得结果。这时,可将标本进行封蜡处理,做法是先将标本在融化的石蜡液体中浸润,待蜡液沾满标本外表后取出,晾凉后再用天平测定。

封蜡标本前后需要进行 3 次质量测定:标本封蜡前在空气中的质量 p,标本封蜡后在水中的质量 p_2,标本封蜡后在空气中的质量 p_3。标本密度用式(6-7)计算:

$$\sigma = \frac{p}{p_3 - p_2 - \dfrac{p_3 - p}{\sigma_k}} \tag{6-7}$$

式中:σ_k 为石蜡的密度(约为 0.9g/cm³)。

用电子天平进行密度测定时,可以直接测定标本体积以得到密度值,步骤是:

(1)测定标本在空气中的质量 p。

(2)将盛水容器置于电子承盘之上,并将天平读数置零。

(3)标本系细线,手提线端,将标本全部浸入于水中。

(4)若取水的密度为 1.0g/cm³,此时显示器读数(单位为 g)的数值与标本体积 v(单位为 cm³)的数值相等。

(5)直接用式(6-8)计算得到标本密度值 σ(单位为 g/cm³)。

$$\sigma = \frac{p}{v} \tag{6-8}$$

该方法十分便捷,但要求电子天平具有较大测量范围,手提标本时注意稳定,标本不接触容器壁、底部。测量精度则主要取决于电子天平的精度;通常,动态测量范围较大的天平,绝对精度较低,故标本过小时,密度测定结果的准确度有限。

这种直接测定标本体积的方法,用式(6-9)确定封蜡标本的密度:

$$\sigma = \frac{p}{v_\text{总} - \dfrac{p_3 - p}{\sigma_k}} \tag{6-9}$$

式中:$v_\text{总}$ 为封蜡后标本总体积,用上述步骤直接测得;其他符号含义同式(6-7)。

对于许多非致密标本来说,封蜡处理都是必须的,尽管比较麻烦。另外,为了准确、客观地获得岩矿石标本的密度,还要注意以下问题:

(1)密度测定时须注意保持其原来的湿度,以新鲜标本为佳,或及时称量后封蜡。

(2)测定过程中的环境温度影响。水温在 4℃以上时,温度升高,水的密度减小,使标本密度测定结果增大;此时,标本本身因温度升高而导致的密度减小可以忽略(幅度约小于水温影响的10%)。如果密度测定时水温超过20℃,可参考表6-2进行修正。

表6-2 不同温度下水的密度变化影响

水温(℃)	4	10	15	20	25	30	35	40
密度(g/cm³)	0.999 972	0.999 699	0.999 099	0.998 203	0.997 043	0.995 645	0.994 029	0.992 012
密度修正值	−0.00%	−0.03%	−0.09%	−0.18%	−0.30%	−0.44%	−0.60%	−0.80%

五、大样法和小样法

对于疏松,且不均匀地层(砂土、石块混合物)宜用大样法测定密度值。做法是直接取出一定体积 v 的全部疏松地层样本(开挖),称量其总质量 p,密度值为:

$$\sigma = \frac{p}{v} \quad (6-10)$$

在使用大样法测定密度时,取样应具有代表性(或进行多个大样测定),同时保持取样体积不小于:长×宽×高=0.5m×0.5m×0.5m。

对于松散,但质地均匀的地层(流砂、淤泥、黄土等)可用小样法测定密度值。将样本准确填满容积已知的标准容器(或事先经过容积测定的任意容器),并使其密实程度达到自然赋存状态;称量其质量,用式(6-10)计算密度值。容器小样法的测量精度较高,应用的关键是样本的原始密实度难以精确保证。

在没有合适标准容器的情况下,可使用容积稳定的任意容器(硬质盒、瓶、罐等),其容积测定可以用水来作标准物质。称量得到空容器和盛满水的容器质量,容积为:

$$v = \frac{w - w_0}{\sigma_0} \quad (6-11)$$

式中:w_0 为空容器质量;w 为盛满水的容器质量;σ_0 为水的密度(常取 $\sigma_0 = 1\text{g/cm}^3$)。

对质地虽疏松,但仍易保持形态的黏土、未完全固结的砂岩、较为密实的黄土等,可用切修小样法测定密度。首先,将样本切修成规则形体(一般为立方体);然后,测量出体积,并称重、计算密度值。

切修小样法应用的关键是体积测量误差通常较大,但可以保持样本的原始密实度。以 10cm×10cm×10cm 的切修小样为例,若立方体3个边长的测量误差均为±0.1cm,则体积误差将达2%左右;而20cm×20cm×20cm的小样,假定各边长测量误差仍为±0.1cm,此时,体积确定的误差约1%,假定样本密度为2.0g/cm³,则最终的密度测定误差约为±0.02g/cm³,可基本达到要求。

使用大样法和修切小样法测定样本密度时,需要准确估算结果的精度。如果所取样本立方体的长、宽、高3条边的边长均等于 L,测量标准差为 dl,根据误差合成原理,体积测定误差对所得密度测定结果误差的贡献值用式(6-12)表示:

$$\varepsilon_v = \sqrt{3} \times \frac{dl}{L} \times \sigma \quad (6-12)$$

式中:σ 为所测得的密度值(由式 6-10 计算);ε_v 为体积误差对 σ 的标准差贡献。最终密度测定结果的标准差用式(6-13)表示：

$$\varepsilon_\sigma = \pm\sqrt{\varepsilon_v^2 + \varepsilon^2} \tag{6-13}$$

式中:ε_σ 为密度 σ 的标准差;ε 为样本重量测定的误差对 σ 的贡献值(标准差),用电子天平的称量精度与标本质量比值 ε_0 确定(相对精度)：

$$\varepsilon = \pm\sigma\varepsilon_0 \tag{6-14}$$

当采用前述直接测定标本体积方法,来进行密度值测定时,所得结果 σ 的标准差仍用式(6-13)表示。不同的是,体积测定误差对 σ 标准差的贡献不同,即：

$$\varepsilon_\sigma = \pm\sigma\varepsilon_0 \times \sqrt{\left(\frac{\sigma}{\sigma_0}\right)^2 + 1} \tag{6-15}$$

式中:σ_0 为水的密度。

由式(6-15)可知,密度值较大的标本,其密度测定的绝对误差更大,各种密度计测定也是这个规律。当 σ 与 σ_0 的比值小于 4,直接测定标本体积方法所得结果 σ 的标准差 ε_σ 将约为式(6-14)的 4 倍。因此,若希望标本密度测定精度达到 $\pm 0.01 \text{g/cm}^3$,电子天平的称量精度与标本重量比值 ε_0 应达到 1/1650,即标本质量不小于天平的称量精度的 1650 倍。如果所使用的电子天平的称量精度为 0.02g,标本质量应不小于 33g。

六、岩矿石密度资料整理

同种岩石的密度测定结果,通常服从正态分布规律。对同种岩石标本(具备相当数量和代表性)进行密度测定后,将全部结果的算术平均值作为其密度值。

1. 直接计算结果

密度的算术平均值：

$$\bar{\sigma} = \frac{\sum_{i=1}^{N}\sigma_i}{N} \tag{6-16}$$

标准离差：

$$D = \pm\sqrt{\frac{\sum_{i=1}^{N}(\sigma_i - \bar{\sigma})^2}{N}} \tag{6-17}$$

式中:N 为标本总块数;σ_i 为第 i 块标本的密度测定值。标准离差表示同种标本密度测定结果的离散程度,即结果的稳定性;另外,结果中还须给出最大和最小测得值。

2. 分组统计

当同种岩石标本数目大于 30 块时,可考虑进行分组统计。先将密度值按相等间隔 $\Delta\sigma$ 分组。分组数与标本总块数之间的关系,在对数坐标轴上按线性比例变化。可参考表 6-3 确定分组数 n(每一组 10~20 块标本)。

按式(6-18)算出密度间隔：

$$\Delta\sigma \approx \frac{\sigma_{最大} - \sigma_{最小}}{n} \tag{6-18}$$

表 6-3 标本密度分组

标本数(N)	30～39	40～59	60～79	80～99	100～119	120～139	140～169	170～199
分组数(n)	4	5	6	7	8	9	10	11

各组的标本数为 N_i（第 i 组标本数），按式(6-16)算出各组的平均密度值 $\bar{\sigma}_i$（第 i 组平均密度）；此时，可按式(6-19)和式(6-20)求得总的平均密度及标准离差：

$$\bar{\sigma} = \frac{\sum_{i=1}^{n}(\bar{\sigma}_i \times N_i)}{N} \tag{6-19}$$

$$D = \pm \sqrt{\frac{\sum_{i=1}^{n}(\bar{\sigma}_i - \bar{\sigma})^2 \times N_i}{N}} \tag{6-20}$$

统计每一密度间隔中的标本块数 N_i，并算出其占总标本数的百分比，即为该密度间隔（组）中出现的频率 $f_i = (N_i/N) \times 100\%$。

以密度值为横坐标，以 f_i 为纵坐标，点出每一组密度值所对应的频率坐标点，将所有的点相连得出频率分布曲线（图6-2）。

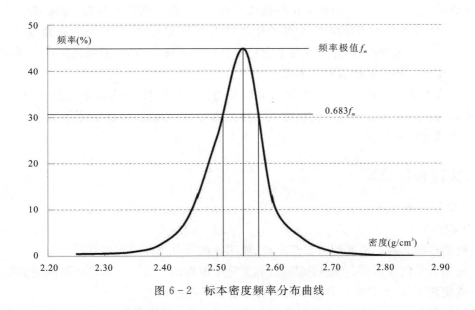

图 6-2 标本密度频率分布曲线

曲线极大值所对应的密度即为常见值，图 6-2 中常见值为 2.54g/cm³。根据正态分布的特点可知，在频率分布曲线上找出极大值的 0.683 倍的 2 个点，该两点的横坐标之差的一半即为密度测定的标准离差 D，在图 6-2 中，$D \approx 0.03$g/cm³。

利用频率分布曲线统计平均密度值具有下列优点：

（1）可以鉴定密度测定的质量。如果得出的频率分布曲线上出现 2 个或 2 个以上的峰值，则表明标本岩性分类可能有差错，或是测定或统计过程中存在的问题。

（2）可以鉴定同类岩石密度的稳定性。曲线峰值明显，两翼对称，表明该类岩石的密度比较稳定；否则若曲线平缓，变化较为杂乱，则表明该类岩石的密度很不稳定。

图6-2是南方某地区侏罗系紫色砂岩密度标本的统计结果，其密度频率分布曲线的左翼相对较平缓，这是由于许多砂岩标本具有不等的孔隙率（致密程度不同），致使密度频率分布曲线不完全对称。

3. 地层平均密度

通常，岩石标本密度不等于地层密度，因为一个地层层位可能包含多种岩性的岩石。地层平均密度是由该地层中各种岩石的密度及其体积比确定的。对于由几种岩性组成的层厚较稳定的沉积岩地层，如砂、页岩互层或海陆交互相地层来说，可以依据不同岩性的沉积厚度比例，计算加权平均值，作为该段地层平均密度值。

较大规模的岩浆岩体一般因标本采集地点所在岩相带不同，密度也会有明显差异，边缘带标本密度通常偏低。变质岩系的岩性组成往往更加复杂。

在很多重力勘探教材中，往往给出了利用剖面重力异常及地形（测点高程）数据进行浅部地层平均密度估计的密度剖面法、最小二乘法。这些方法的使用都是以试验剖面中不存在重力异常或重力异常连续平缓变化为前提的，且要求剖面地形具有较明显起伏，但一般又不考虑地形影响因素，需谨慎使用。

同时，教材中给出了利用竖井重力测量结果估算地层平均密度的方法。该方法可以直接获得地下纵向密度分布信息，理论上比较客观且可靠，但也存在诸多问题：①竖井中的重力数据不易取得；②竖井重力测量结果受到竖井井径大小及变化、竖井断面形态及变化的影响；③重力仪观测位置选择困难，重力观测平台稳定性往往不够。所以，根据竖井重力测量结果进行地层平均密度估算的精度通常并不高。

利用重力测量数据进行地层平均密度估计的方法，可以提供一些宏观信息，但必须与使用岩石标本直接测定及统计得到的地层密度进行对比和分析研究，以确定用于重力异常计算和解释的密度或密度差参数。

七、实验报告编写

1. 实验目的和要求
2. 实验内容

(1)阐述机械式岩石密度计的工作原理、使用方法及其密度测定精度。

(2)阐述天平法测定岩石密度的方法，对实验中取得的1组同一岩性密度测定数据进行计算处理（或使用表6-4数据），直接求出平均密度及其标准离差。

(3)对数据进行分组统计，绘制频率分布曲线或柱图，用从图件中求取的平均密度及标准离差与直接根据标本数据求出的参数进行对比。

(4)分析并阐述重力剖面法用于地层平均密度估计的必要前提及实用价值。

3. 问题讨论

(1)岩石密度计和天平法测定岩石密度的测量效率和精度比较。

(2)大样法和小样法测定松散标本密度中的主要误差来源及精度控制手段。

(3)对于孔隙率较高的岩矿石标本，密度测定可采取何种措施？

表 6-4 华北某地寒武系石灰岩标本密度（标本总数 373 块）

密度分组(g/cm³)	标本数(块)	密度分组(g/cm³)	标本数(块)
2.60	1	2.68	42
2.61	1	2.69	17
2.62	4	2.70	9
2.63	7	2.71	5
2.64	15	2.72	3
2.65	33	2.73	1
2.66	72	2.74	1
2.67	163	2.75	0

实验七　扇形域地改及野外现场近区地改

一、实验内容和要求

(1) 了解重力地形改正工作的设计及地改值计算的方法原理。
(2) 熟悉各种地改表及近区地改仪的设计和使用方法。
(3) 掌握野外现场斜坡地形扇形域近区地形改正方法。
(4) 掌握野外现场台阶地形的近区地形改正方法。
(5) 通过南望山重力剖面近区地形改正实践,掌握近区地改工作流程及精度评定方法。

二、重力地改方法

1. 地形影响与地改

测点周围地形起伏对测点观测值的影响,可以分为高于测点的质量盈余和低于测点的质量亏损两种;但无论是哪种情况,都将使得重力仪的观测值减小,即重力地形改正值总是正数。地形改正的过程是通过对测点周围地形的测量和计算得到地形改正值,并将其加在仪器测量得到的测点相对重力值之中。

凡是地形高于测点的质量盈余或低于测点的质量亏损都需要进行地形校正。重力地形改正的最大半径为 166.7km,称为全球改正,改正值可达数十毫伽(10^{-5} m/s^2),区域重力调查技术规定中就要求进行全球地改。对于局部地区的重力勘探而言,地改范围往往确定为 10~20km;大比例尺重力勘探(1∶10 000 及以上)的地改范围有时只要求达到 1~2km,视测区地形情况确定。

因不同比例尺重力勘探对重力异常精度要求不同,故地形改正精度的要求也不相同,比例尺更大的重力工作要求达到更高的地改精度,见表 7-1(该表仅为参考方案,实际工作中应根据施工条件、设备及人员配置等进行具体设计,可以有较大变动)。

以往地形改正所使用的地形数据主要来自等于或大于工作比例尺的地形图,以及对航片进行解算等。随着卫星观测技术的提高,当代卫星图像的质量和解算技术得到了快速提高,为重力地改提供了方便;目前可以方便地获得 30m×30m 的卫星网格地形数据,但对于大比例尺重力勘探而言,结点高程精度仍难以达到要求。

若要求更高精度的地改地形数据,可以通过使用 GPS 技术和设备进行实地测量获得,但这意味着更高的工作成本。一种正在探索的技术是,使用无人机在测区上方获取局域影像(航片),并进行解算。这项技术可以为没有高精度地形资料的工作地区开展高精度重力勘探提供有效的技术保障。

表 7-1　重力勘探误差分配参考方案

工作比例尺	异常总精度 (10^{-8}m/s²)	测点观测精度 (10^{-8}m/s²)	地形校正精度 (10^{-8}m/s²)	纬度校正精度 (10^{-8}m/s²)	布格校正精度 (10^{-8}m/s²)
1∶200 000	500	200	400	20	220
1∶100 000	300	100	240	10	150
1∶50 000	200	50	180	5	70
1∶25 000	100	25	90	5	35
1∶10 000	40	15	35	2	10
1∶5000	20	12	15	2	6

当代，在使用高精度重力仪（指拉科斯特、CG-5 和贝尔雷斯重力仪）和高精度测地装备（如差分 GPS、全站仪）时，重力观测精度、正常重力改正（或纬度改正）精度、布格改正精度都可以得到较好的控制，唯独地形改正精度和工作效率的提高还是一个不小的难题。

近区地改精度受制于实际地形的复杂程度，中、远区地改精度主要取决于所用地形资料的精度。通常，在进行重力工作设计时，给地改分配的误差是最大的，这是因为该项改正精度具有较大的不确定性。一旦地形改正取得较高的精度，或测区地形平坦，最终布格重力异常精度往往能得到明显的改善。

2. 地改工作设计

地形改正一般分为近区、中区和远区进行，远区又分为远 1 区和远 2 区。在不同工作比例尺、不同测区地形条件下，重力勘探分区方法有较大差异，见表 7-2。

表 7-2　重力地改区域划分参考方案

工作比例尺	近区(m)	中区(m)	远 1 区(m)	远 2 区(km)
1∶200 000 1∶100 000	0～50 或 0～100， 或地形平坦免改	0～2000	0～20 000	0～166.7，或免改
1∶50 000 1∶25 000	0～50 或 0～20， 或地形平坦免改	0～2000	0～20 000	免改
1∶10 000 1∶5000 1∶2500	0～20 或地形 平坦免改	0～2000 或 0～1000， 或地形平坦免改	0～20 000 或 0～10 000， 或地形平坦免改	免改

地改分区设计的目的是，在保证达到总的地改精度目标前提下，尽可能减小地形改正工作量。如：在平坦地区（平原、草原等）且对地改要求不高时，近区往往免改；大比例尺勘探的测区往往较小，若地形起伏不大，通常远区免改等。

地改工作设计的另一重要任务，是确定各区的地改方法（包括所使用的地形资料），方法选用依据是：①便于实施；②保证地改精度；③尽量减小工作量。

近区地改可以使用：目估（地形简单或坡度不大）、用仪器进行八方位测角（地形坡度较大)、八方位分环测角及测高(地形更复杂)等方法。其精度由一定数量的重复测量确定,目估检查一般要求不同人员完成,仪器测量要求变换测量角度检查。

中区及远区地改应选择使用适当的地形资料,进行扇形域、方域或三角域计算。中区及远区地改精度,由不同方法互检或变换取数基线角度获得地改检查值,与近区地改一样,用标准差进行衡量。各区地改标准差由式(7-1)计算:

$$\varepsilon = \pm \sqrt{\frac{\sum_{i=1}^{n} \delta_i^2}{2n}} \tag{7-1}$$

式中:δ_i 为检查值与原地改值之差;n 为检查点数。

各区地改精度应事先在地改总精度控制下,进行合理分配。最终确定的各区地改精度(标准差),需满足式(7-2):

$$\varepsilon = \pm \sqrt{\varepsilon_{近}^2 + \varepsilon_{中}^2 + \varepsilon_{远1}^2 + \varepsilon_{远2}^2} \tag{7-2}$$

式中:ε、$\varepsilon_{近}$、$\varepsilon_{中}$、$\varepsilon_{远1}$、$\varepsilon_{远2}$ 均为标准差,分别表示总的地改精度值,以及近区、中区和远1区、远2区地改精度值。

表7-3是各种常用工作比例尺重力勘探的各区地形改正精度分配的参考方案,表格数据满足式(7-2)。实际工作中还需根据测区地形和采用的地改方法等进行适当调整。

表7-3 重力地形改正精度分配参考方案

工作比例尺	地形校正精度 (10^{-8}m/s²)	近区地改精度 (10^{-8}m/s²)	中区地改精度 (10^{-8}m/s²)	远区地改精度 (10^{-8}m/s²)
1:200 000	400	100	240	300
1:100 000	240	60	150	180
1:50 000	180	30	120	130
1:25 000	90	20	60	60
1:10 000	35	10	30	15
1:5000	15	5	10	10

3. 近区地改

近区地形改正的改正范围一般是以测点为中心,以改正半径确定的一个圆形区域。

当测点周围为斜坡地形时,应首先用从测点出发的射线,将整个圆形区域划分为8个平面张角为 $\pi/4$ 的扇形锥体,再测量(或估计)出各个椎体的垂直角,用公式进行计算(或查地改表)确定改正值。将各个锥体的改正值进行求和,便得到该测点的近区地改值(注意调整好密度参数)。

当测点周围斜坡地形比较复杂时,可将整个圆形区域划分为2~3个环,各环仍分为8个等张角块体。内环为8个扇形锥体,其他环均为8个扇形柱体。扇形锥改正方法同上,扇形柱的改正可取其与测点的平均高差(测量或目估),再用公式计算(或查表)得到改正值。

通常要求在地形坡度不大于15°时,可通过目估地形坡度确定近区地改值,经过训练的工作人员可以直接估计出近区地改值。当近区地形坡度超过15°时,应采用森林罗盘仪(一种简易经纬仪)或其他测绘仪器或装置,测定所需的地形参数,再计算近区地改值。

当测点周围为比较典型的台阶地形时,采用台阶改正方法更准确、快速。首先,测量或目估获得测点(重力仪所在位置)至台阶的垂直距离及台阶平均高度(与测点的高差),再用公式进行计算(或查地改表)确定改正值。因实际地形经常不是典型或完整的台阶,这就需要在实测的同时进行一定估计和调整。

近区地形改正的检查工作量应不小于测点数的5%,且由不同的工作人员完成,并认为是等精度检查,用式(7-1)计算近区地改标准差。

4. 中、远区地改

中区和远区地改所使用的地形数据来自各种地形资料,主要来自地形图、地形高程数据库、航片及卫星数据。其中,中区地改所用的地形图、航片的比例尺一般应大于重力勘探的工作比例尺,如 1:50 000 的工作比例尺可使用 1:10 000 或 1:25 000 的地形资料。远区地改一般使用由 1:50 000 地形图获得的 1km×1km 或 500m×500m 数据,或直接使用国家测绘局 1:50 000 的 DTM 高程数据(数据库)。

卫星地形数据 ASTER GDEM,由美国 NASA 根据新一代对地观测卫星 TERRA 多年的观测数据制作完成(2009 年完成并不断更新,可从相关国际网站下载),其空间分辨率约为 30m×30m,数据覆盖地球表面 S83°—N83°之间所有陆地区域,是迄今为止最完整的全球陆地数字高程模型。经与实际地面测量数据进行对比,其高程数据标准差约为±12m。该数据可以满足不同工作比例尺重力勘探的远区地改的使用要求,但难以满足中区地改要求,尤其是在大比例尺重力勘探中应慎用。

中区和远区地改的高程数据(通常是两套数据),应分别从测区边缘向外扩展至相应的地改范围,以保证每个测点都能够有足够的地改高程数据点。中区地改基本地形数据密度一般采用 200m×200m、100m×100m、50m×50m、20m×20m、10m×10m,按地改精度要求确定,地形起伏较大时应该加密取数点。

在数据准备完成后,根据设计的地改值计算方法(模型),分别以每个重力测点坐标为中心,插值得到该测点计算所需的高程数据,再进行地改值计算。方格网数据插值密度及扇形域分环密度的确定,均应考虑精度和地形复杂程度。

中区和远区地改精度主要与原始地形数据的精度有关,而与不同计算方法的关系不显著。相比之下,扇形域计算数据量较少,便于提高计算速度。例如,基本数据密度为 20m×20m,计算 20~2000m 中区地改值,方域算法将使用 10 000 个数据,而扇形域只要使用 112 个数据(按 20~50、~100、~200、~300、~500、~700、~1000、~1500、~2000 分环,200m 以内分 8 方位,200m 以外分 16 方位)。另外,中区地改方域算法与 0~20m 近区地改之间,还需要进行 4 个补交地改值计算。

中区和远区地改精度衡量,根据不同方法求得的地改值的互差,用式(7-1)计算标准差。扇形域地改可以将模板旋转 $\pi/8$,获得另一套插值数据,用两套扇形域地改值的互差计算相应的地改标准差。

三、扇形域近区地改

当地形较为平缓时,将近区地改的圆形区域划分为 8 个平面张角为 $\pi/4$ 的扇形锥体,测量

或估计出各个锥体的垂直角,用式(7-3)进行计算改正值:

$$\Delta g = \frac{2\pi G\sigma}{n} R(1-\cos\alpha) \tag{7-3}$$

当取 $n=8$,$\sigma=2.00\text{g/cm}^3$ 时,式(7-3)可简化为实用公式:

$$\Delta g \approx 10.5 R(1-\cos\alpha) \quad (10^{-8}\text{m/s}^2) \tag{7-4}$$

式中:引力常数 $G=6.72\times10^{-8}\text{cm}^3/\text{g}\cdot\text{s}^2$;$\sigma$ 为校正密度(g/cm^3);R 为改正半径(m);α 为扇形锥垂直角;n 为地改区域的平面等分数。

据式(7-4),可以计算得到 R 等于5m、10m、15m、20m、35m、50m 时,单个扇形锥体不同 α 角度对应的地形改正值,见表7-4。

实际工作中,可以用罗盘或森林罗盘仪测定各个方位的地形坡度角,查表确定改正值。也可以根据表7-4制成简易地改仪(或称地改板),直接获得与各个锥体坡度角对应的地改值,求和得到测点近区地改值(注意调整密度)。

在对8个不同方位进行测量时,方位角允许有少量偏差,但应覆盖整个圆形区域。为防止漏测或重复测,需要首先确定一个基准方向,每次按顺时针或逆时针改变 $\pi/4$ 角度,并逐个记录数据。这个基准方向,一般可以利用特殊地形方向(如坡坎、田垄、水边、建筑物等),也可以是沿测线方向、沿道路方向等。

表7-4 扇形锥近区地形改正值

($n=8$,$\sigma=2.00\text{g/cm}^3$,改正值单位:10^{-8}m/s^2)

垂直角(°)	$R=5$m	$R=10$m	$R=15$m	$R=20$m	$R=35$m	$R=50$m
1	0	0	0	0	0	0.1
2	0	0.1	0.1	0.1	0.2	0.3
3	0.1	0.1	0.2	0.3	0.5	0.7
4	0.1	0.3	0.5	0.9	1.3	
5	0.2	0.4	0.6	0.8	1.4	2.0
6	0.3	0.6	0.9	1.2	2.0	2.9
7	0.4	0.8	1.2	1.6	2.7	3.9
8	0.5	1.0	1.6	2.1	3.6	5.1
9	0.6	1.3	2.0	2.6	4.5	6.5
10	0.8	1.6	2.4	3.2	5.8	8.0
11	1.0	1.9	2.9	3.9	6.8	9.7
12	1.2	2.3	3.5	4.6	8.1	11.5
13	1.4	2.7	4.1	5.4	9.5	13.5
14	1.6	3.1	4.7	6.3	11.0	15.7
15	1.8	3.6	5.4	7.2	12.6	18.0
16	2.0	4.1	6.2	8.2	14.3	20.4
17	2.3	4.6	6.9	9.2	16.2	23.1
18	2.6	5.2	7.8	10.3	18.1	25.8
19	2.9	5.8	8.7	11.5	20.2	28.8
20	3.2	6.4	9.6	12.7	22.3	31.8

续表 7-4

垂直角(°)	$R=5$m	$R=10$m	$R=15$m	$R=20$m	$R=35$m	$R=50$m
21	3.5	7.0	10.5	14.0	24.6	35.1
22	3.8	7.7	11.5	15.4	26.9	38.4
23	4.2	8.4	12.6	16.8	29.4	42.0
24	4.6	9.1	13.7	18.3	31.9	45.6
25	5.0	9.9	14.9	19.8	34.7	49.5
26	5.3	10.7	16.1	21.4	37.4	53.4
27	5.8	11.5	17.3	23.0	40.2	57.5
28	6.2	12.4	18.6	24.7	43.3	61.8
29	6.6	13.2	19.9	26.5	46.3	66.2
30	7.1	14.1	21.2	28.3	49.5	70.7
31	7.5	15.1	22.6	30.2	52.8	75.4
32	8.0	16.0	24.1	32.1	56.1	80.2
33	8.5	17.0	25.6	34.1	59.6	85.1
34	9.0	18.0	27.1	36.1	63.1	90.2
35	9.6	19.1	28.7	38.2	66.9	95.5

当测点地形较复杂时,可将整个近区地改的圆形区域划分为若干个同心环,仍取 $n=8$。除最内一环为扇形锥以外,其他各环均为 8 个扇形柱体,改正时可取其与测点的平均高差,用式(7-5)计算得到改正值:

$$\Delta g = \frac{2\pi G\sigma}{n}(R_{m+1}-R_m+\sqrt{R_m^2+\Delta h^2}-\sqrt{R_{m+1}^2+\Delta h^2}) \quad (7-5)$$

当取 $n=8$,$\sigma=2.00$g/cm³ 时,实用公式为:

$$\Delta g \approx 10.5(R_{m+1}-R_m+\sqrt{R_m^2+\Delta h^2}-\sqrt{R_{m+1}^2+\Delta h^2}) \quad (7-6)$$

式中:Δg 单位为 10^{-8}m/s²,R_m 和 R_{m+1} 分别表示扇形柱的内、外半径(单位:m);Δh 为扇形块平均高程与测点高程之差(单位:m)。这些参数需要在野外用测绳、卷尺或森林罗盘仪测定,或进行目估得到。

近区地改范围通常设计为 20m 或 50m,只有在 1:200 000 或更小工作比例尺时,有时设计为 100m。因此,近区地改涉及的扇形柱改正区间,常用 10~20m、20~50m 和 50~100m 三种,可参见 10~200m 扇形柱重力地改表(表 7-5)。

四、扇形域中、远区地改

扇形域地改取数工作量小,方法机动性强。故在剖面重力勘探或没有符合要求的网格地形数据(数据库)地区工作时,被经常使用。

扇形域地改的分环设计,应以地改精度要求为依据,理论上分环越密改正精度越高,但数据工作量也越大。根据地形起伏对重力观测值影响的特性,距测点较近区域分环应该更密,远处逐渐放疏,有利于在保证精度前提下减小取数和计算工作量。在地改精度要求不太高的情况下,可以降低分环密度,但仍应遵循近密远疏的原则。

以中大比例尺重力勘探为例,如果近区地改为0～20m,中、远区地改的分环参数,通常选取为:50m、100m、200m、300m、500m、700m、1000m、1500m、2000m、3000m、5000m、7000m、10 000m、15 000m、20 000m。

表 7-5 扇形柱重力地形改正(10～200m)

($n=8, \sigma=2.00 \text{g/cm}^3$,改正值单位:$10^{-8} \text{m/s}^2$)

10～20m		20～50m		50～100m		100～200m	
Δh(m)	改正值	Δh(m)	改正值	Δh(m)	改正值	Δh(m)	改正值
0	0	0	0	0	0	0	0
1	0.3	1	0.2	2	0.2	5	0.7
2	1.0	2	0.6	4	0.8	10	2.6
3	2.3	3	1.4	6	1.9	15	5.8
4	3.9	4	2.5	8	3.3	20	10.3
5	5.9	5	3.8	10	5.1	25	15.9
6	8.2	6	5.5	12	7.4	30	22.7
7	10.7	7	7.4	14	9.9	35	30.5
8	13.3	8	9.5	16	12.8	40	39.2
9	15.9	9	11.8	18	16.1	45	48.8
10	18.7	10	14.4	20	19.6	50	59.2
11	21.4	11	17.1	22	23.4	55	70.2
12	24.1	12	19.9	24	27.5	60	81.9
13	26.7	13	23.0	26	31.8	65	94.0
14	29.2	14	26.1	28	36.3	70	106.5
15	31.7	15	29.3	30	40.9	75	119.4
16	34.1	16	32.6	32	45.8	80	132.6
17	36.4	17	36.0	34	50.7	85	146.0
18	38.6	18	39.5	36	55.8	90	159.5
19	40.7	19	42.9	38	61.0	95	173.0
20	42.7	20	46.4	40	66.3	100	186.6
21	44.6	21	50.0	42	71.6	105	200.3
22	46.4	22	53.5	44	77.0	110	213.8
23	48.1	23	57.0	46	82.4	115	227.3
24	49.8	24	60.6	48	87.9	120	240.6
25	51.4	25	64.1	50	93.3	125	253.8
26	52.9	26	67.5	52	98.8	130	266.9
27	54.3	27	71.0	54	104.2	135	279.8
28	55.7	28	74.4	56	109.6	140	292.5
29	57.0	29	77.8	58	115.0	145	305.0
30	58.3	30	81.2	60	120.3	150	317.2

续表 7-5

10～20m		20～50m		50～100m		100～200m	
Δh(m)	改正值	Δh(m)	改正值	Δh(m)	改正值	Δh(m)	改正值
—	—	31	84.5	62	125.6	155	329.3
—	—	32	87.7	64	130.9	160	341.1
—	—	33	90.9	66	136.0	165	352.7
—	—	34	94.1	68	141.2	170	364.0
—	—	35	97.2	70	146.2	175	375.1
—	—	36	100.3	72	151.2	180	386.0
—	—	37	103.3	74	156.2	185	396.6
—	—	38	106.2	76	161.0	190	407.0
—	—	39	109.2	78	165.8	195	417.2
—	—	40	112.0	80	170.5	200	427.1
—	—	41	114.8	82	175.2	205	436.8
—	—	42	117.5	84	179.7	210	446.3
—	—	43	120.2	86	184.2	215	455.5
—	—	44	122.9	88	188.7	220	464.6
—	—	45	125.5	90	193.0	225	473.4
—	—	46	128.0	92	197.3	230	482.0
—	—	47	130.5	94	201.4	235	490.4
—	—	48	132.9	96	205.5	240	498.6
—	—	49	135.3	98	209.6	245	506.6
—	—	50	137.7	100	213.5	250	514.5
—	—	—	—	102	217.4	255	522.1
—	—	—	—	104	221.3	260	529.6
—	—	—	—	106	225.0	265	536.8
—	—	—	—	108	228.7	270	544.0
—	—	—	—	110	232.3	275	550.9
—	—	—	—	112	235.8	280	557.7
—	—	—	—	114	239.3	285	564.3
—	—	—	—	116	242.7	290	570.8
—	—	—	—	118	246.0	295	577.1
—	—	—	—	120	249.3	300	583.3

表 7-5 和表 7-6 是依据式(7-5)计算得到的扇形柱重力地形改正表,给出了 10～2000m 区域的扇形域地改值,可以满足测区高差小于 500m 的中大比例尺重力勘探中区地改需要。其中,将 200m 以内各环划分为 8 个方位,200～2000m 各环划分为 16 个方位,密度取为整数 2.00g/cm³。

表 7-5 和表 7-6 中,Δh 为某扇形柱顶面平均高程与测点的高程差。在地形资料上读取

扇形柱高程时,先将取数模板中心与测点重合,对好方位后固定其位置,逐一读出扇形块平均高程,记录、计算与测点的高差,再通过查表[或用式(7-5)计算]求得各个测点的地改值,根据所确定使用的地改密度,对结果进行线性调整。

表 7-6 扇形柱重力地形改正(200～2000m)

($n=16, \sigma=2.00 \text{g/cm}^3$,改正值单位:$10^{-8} \text{m/s}^2$)

Δh(m)	200～300m 改正值	300～500m 改正值	500～700m 改正值	700～1000m 改正值	1000～1500m 改正值	1500～2000m 改正值
0	0	0	0	0	0	0
10	0.4	0.3	0.1	0.1	0.1	0.1
20	1.7	1.4	0.6	0.5	0.4	0.2
30	3.9	3.1	1.3	1.0	0.8	0.5
40	6.8	5.5	2.4	1.8	1.4	0.7
50	10.6	8.6	3.7	2.8	2.2	1.2
60	15.0	12.3	5.3	4.0	3.1	1.6
70	20.1	16.7	7.3	5.5	4.3	2.2
80	25.8	21.6	9.4	7.2	5.6	2.8
90	32.0	27.1	11.9	9.0	7.0	3.6
100	38.7	33.1	14.6	11.1	8.7	4.4
110	45.7	39.7	17.6	13.4	10.5	5.3
120	53.1	46.7	20.9	15.9	12.5	6.2
130	60.7	54.1	24.4	18.6	14.6	7.4
140	68.5	62.0	28.1	21.5	16.9	8.5
150	76.4	70.2	32.1	24.6	19.4	9.8
160	84.5	78.7	36.3	27.9	22.1	11.1
170	92.6	87.5	40.7	31.4	24.9	12.6
180	100.7	96.6	45.3	35.1	27.8	14.0
190	108.7	105.9	50.1	39.0	30.9	15.7
200	116.8	115.5	55.0	43.0	34.2	17.3
210	124.7	125.1	60.2	47.2	37.6	19.1
220	132.5	135.0	65.5	51.6	41.2	20.9
230	140.3	144.9	71.0	56.1	45.0	22.9
240	147.8	154.9	76.6	60.8	48.8	24.8
250	155.3	165.0	82.3	65.6	52.9	26.9
260	162.6	175.1	88.2	70.6	57.0	29.0
270	169.7	185.3	94.2	75.7	61.4	31.3
280	176.7	195.4	100.3	81.0	65.7	33.6
290	183.5	205.6	106.4	86.4	70.4	36.0
300	190.1	215.7	112.7	91.9	75.0	38.4

续表 7-6

Δh(m)	200～300m 改正值	300～500m 改正值	500～700m 改正值	700～1000m 改正值	1000～1500m 改正值	1500～2000m 改正值
310	196.6	225.7	119.1	97.6	80.0	41.0
320	202.9	235.7	125.5	103.3	84.9	43.6
330	209.0	245.7	132.0	109.2	90.0	46.3
340	214.9	255.6	138.5	115.2	95.2	49.0
350	220.7	265.3	145.1	121.2	100.6	51.9
360	226.4	275.0	151.8	127.4	106.0	54.7
370	231.8	284.6	158.4	133.7	111.6	57.8
380	237.1	294.1	165.1	140.0	117.2	60.8
390	242.3	303.4	171.8	146.4	123.1	64.0
400	247.3	312.7	178.6	152.9	128.9	67.1
410	—	—	185.3	159.5	135.0	70.4
420	—	—	192.0	166.1	141.1	73.7
430	—	—	198.8	172.8	147.3	77.1
440	—	—	205.5	179.6	153.6	80.5
450	—	—	212.2	186.4	160.0	84.0
460	—	—	219.0	193.2	166.5	87.6
470	—	—	225.6	200.2	173.1	91.3
480	—	—	232.3	207.1	179.7	95.0
490	—	—	238.9	214.1	186.5	98.8
500	—	—	245.6	221.1	193.3	102.6

如果是完全用手工完成扇形域地改,还需要进行 5% 的抽检(换人读数或将模板旋转 π/8 取数),并用式(7-1)计算标准差值,以衡量地改精度。

若测区已有现成的符合相应中、远区地改要求的方格网地形数据(指相关数据库数据),则可以省去取数工作。若测区重力点数量庞大,且没有符合相应中、远区地改要求的方格网地形数据,在地形图上读取(或用航片解算)网格地形数据可以大幅减小取数工作量,取数网格的(正方形)大小需要事先设计。

用方格网数据进行扇形域地改,首先按设计好的扇形域分环、分块参数,用电脑插值获取扇形柱参数,再用式(7-5)计算改正值。地改质量的衡量,应旋转扇形模板或用方域法,另外计算一套地改值,用式(7-1)计算标准差值。

值得一提的是,在使用网格数据进行电脑插值取数时,可以直接获取扇形块中央点(四角交叉线的交点)的高程,也可以用扇形块 4 个角点的均值。在地形切割剧烈时,人工取数往往具有更强的合理性。

五、台阶地形近区地改

上述用扇形锥法进行近区地形改正,要求地形相对平缓,可以近似看作斜坡地形。但实际上,野外常常会遇到梯田、陡崖、田埂、堤坝、冲沟等,这些地貌特征在较小的近区地改区域里,往往可以看作较典型的台阶地形。

台阶地形对重力仪观测值的影响往往比较显著,而用扇形锥法得到的改正值往往偏小。例如,在 0~20m 改正区里,一个距离仪器垂直距离 1m,高差亦为 1m 台阶的影响值便可以达到 $(10\sim15)\times10^{-8}\mathrm{m/s^2}$。因此,重力测点的布置应该尽可能避开台阶地形,若遇难以回避之时,至少应离台阶稍远一些。

在近区地改的圆形区域里,随着测点(重力仪)与台阶边缘距离的增大,台阶的影响值衰减十分迅速。表 7-7 是单层台阶 0~20m 近区地改表,上述高差 $\Delta h=1\mathrm{m}$ 的台阶,在距离仪器 $r=3\mathrm{m}$ 时的影响值,仅相当于距仪器 1m 时影响值的 32%。而高差较大台阶的影响值随距离增加衰减较慢,同样 $r=1\mathrm{m}$ 和 $r=3\mathrm{m}$,$\Delta h=3\mathrm{m}$ 的台阶,只衰减至 44%。对于较典型的台阶地形,采用台阶改正方法通常更加准确、方便。

表 7-7 0~20m 圆域近区单层台阶地形改正值

($\sigma=2.00\mathrm{g/cm^3}$,改正值单位:$10^{-8}\mathrm{m/s^2}$)

Δh (m)	$r=$ 0.2m	$r=$ 0.3m	$r=$ 0.5m	$r=$ 1.0m	$r=$ 2.0m	$r=$ 3.0m	$r=$ 4.0m	$r=$ 5.0m	$r=$ 8.0m	$r=$ 11m	$r=$ 14m	$r=$ 17m
1	26.9	23.1	17.8	10.7	5.4	3.4	2.3	1.7	0.7	0.4	0.2	0.0
2	62.0	56.4	47.7	33.5	19.4	12.7	8.9	6.6	3.0	1.4	0.6	0.2
3	96.6	90.0	79.1	60.0	38.1	26.2	18.9	14.1	6.5	3.1	1.3	0.4
4	129.8	122.4	110.1	87.4	59.1	42.3	31.3	23.7	11.2	5.4	2.3	0.7
5	161.3	153.3	139.9	114.4	81.0	59.7	45.2	34.8	16.8	8.2	3.5	1.0
6	191.2	182.7	168.3	140.5	102.8	77.7	59.9	46.8	23.2	11.4	4.9	1.5
7	219.4	210.5	195.3	165.6	124.2	95.7	74.9	59.2	30.1	14.9	6.5	1.9
8	245.9	236.7	220.9	189.5	144.8	113.4	89.9	71.9	37.3	18.7	8.3	2.4
9	270.8	261.4	245.0	212.1	164.7	130.6	104.7	84.4	44.7	22.7	10.1	3.0
10	294.3	284.5	267.6	233.5	183.6	147.2	119.1	96.8	52.1	26.8	12.0	3.6
11	316.2	306.3	288.9	253.7	201.6	163.1	133.0	108.8	59.5	30.9	13.9	4.2
12	336.9	326.2	308.9	272.7	218.8	178.2	146.3	120.5	66.8	35.1	15.9	4.8
13	356.2	345.9	327.7	290.6	234.8	192.6	159.0	131.6	74.0	39.2	17.9	5.4
14	374.3	363.8	345.4	307.5	250.0	206.4	171.2	142.3	80.9	43.2	19.9	6.0
15	391.3	380.7	361.9	323.3	264.4	219.8	182.7	152.5	87.6	47.2	21.8	6.7
16	407.3	396.6	377.5	338.2	277.9	231.4	193.6	162.2	94.0	51.0	23.7	7.3
17	422.3	411.4	392.1	352.2	290.6	242.9	204.0	171.5	100.2	54.7	25.6	7.9
18	436.4	425.4	405.9	365.3	302.7	253.8	213.8	180.3	106.2	58.3	27.4	8.5
19	449.6	438.5	418.8	377.7	314.0	264.1	223.2	188.6	111.8	61.8	29.1	9.0
20	462.1	450.9	431.0	389.4	324.7	273.9	232.0	196.5	117.2	65.1	30.8	9.6

台阶地形改正步骤可概括为:①通过测量或目估获得测点(重力仪位置)至台阶的垂直距离 r,及台阶与测点的平均高差 Δh;②用公式进行计算(或查地改表 7-7)确定改正值,并进行密度调整。

因实际地形经常不是典型或完整的台阶,这就需要在对 r 和 Δh 进行实测的同时,进行一定的估计和平衡。至于长堤形台阶(路基、小型堤坝等)、2层或3层台阶(梯田等)、斜台阶等,都可以用单层台阶的不同组合,或加以一定近似来进行改正。

图 7-1 是常见的各种台阶类型,左边小方块表示重力仪所在位置,对于堤形台阶后面平面高程与测点高程区别较明显的地形往往容易忽视,如地形(d)。若地形由多个小台阶组成多层台阶,且比较复杂,这时宜采用近似斜坡地形进行改正。

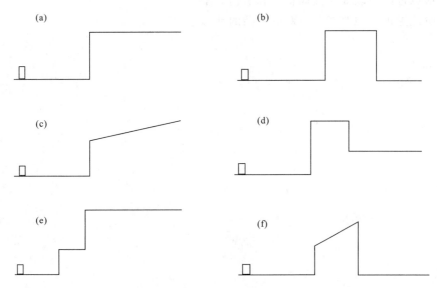

图 7-1 常见台阶地形断面示意图
(a)单层台阶;(b)堤形台阶;(c)斜台阶;(d)有高差的堤形台阶;(e)双层台阶;(f)堤形斜台阶

最后,谈谈野外近区地改中的近似和估计问题。因实际地形的复杂性,即使是用仪器对地形参数进行精确测量,也需要加入大量的人为估计和调整成分。如测定非光滑斜面的坡度角、测定非光滑台阶平面的高差、8个等张角改正方位的划分是否有利于方便准确地改正、台阶走向和高差的变化估计等,都与工作人员的主观因素有着密不可分的联系,很难做到完全客观。所以,野外现场的近区地改实质上就是估计,当采用一定测量手段时,这种估计会更加接近真实,初学者切不可草率行事。

当工作人员已经具备足够经验,这时,无论对于斜坡地形、台阶地形或更为复杂的地形,往往都能够快速取得较准确的改正值。而且,在很多时候,甚至不需要对地形特征参数进行精确测量,这称为"近区地改的目估法"。对于近区地改最终精度的高低、是否满足设计要求,还需要进行检查测量,用标准差说话。

六、实验报告编写

1. 实验目的和要求
2. 实验内容
(1)简述地形起伏对测点重力观测值的影响。
(2)重力勘探地形改正工作设计的基本原则及设计内容。

(3) 简述扇形域近区地改和台阶地形近区地改方法。
(4) 论述扇形域和方域中区地改方法及适用条件。
(5) 南望山重力剖面近区和中区地改资料整理及精度计算。
(6) 实测近区地改值与目估法结果的对比。

3. 问题讨论

(1) 近区地改精度是如何确定的？
(2) 扇形域近区地改如何提高精度和工作效率？
(3) 台阶地形近区地改如何应对更复杂的地形条件？

实验八　重力观测数据整理与布格异常计算

一、实验内容和要求

(1)掌握普通测点重力观测(单次观测)数据的初步整理,即相对重力值求取方法。
(2)掌握布格重力异常计算方法,加深对布格重力异常的地球物理意义的理解。
(3)掌握对布格重力异常进行精度计算和评价的方法。

二、观测数据初步整理

普通点重力观测使用单次观测法,即在重力基点上进行首次观测(起始基点或"首基"),经过一定数量普通点观测之后,在设计的闭合时间内,再次在基点上进行观测(闭合基点或"尾基")。首尾基点可以为同一个基点,也可以是不同基点。

弹簧(相对)重力仪在测点上所获得观测读数的变化值,所包含的信息是:①测点间的相对重力的变化;②仪器本身的零位变化;③固体潮变化;④测点与基点仪器安置高度的差异。初步整理的目的是:去除观测过程中所有与测点相对重力变化无关因素导致的读数变化。因此,在将仪器读数经过格值换算,得到重力读数(以重力单位表示的读数值)后,还需要进行固体潮校正、仪器高校正和零位校正。

1. 格值换算

CG-5和贝尔雷斯等全自动重力仪的格值或格值表(包括比例因子)已经植入仪器内部软件,仪器记录的读数为重力单位(10^{-5} m/s^2),故无需再进行外部换算。LCR重力仪用式(2-9)进行格值换算,Z-400等普通石英弹簧重力仪用式(4-1)进行格值换算。经过格值换算得到的结果为仪器读数相对于读数零点的重力差值,称为重力读数(g_{0i})。

2. 固体潮校正

CG-5和贝尔雷斯等全自动重力仪的仪器软件中嵌入了固体潮程序,通过外部设置可以达到自动进行固体潮校正的目的。其他重力仪则需要用专门固体潮程序,计算各个测点观测时刻的固体潮值进行校正;或计算观测日的固体潮曲线(计算点间隔最大为10min),经内插获得各测点观测时刻的固体潮校正值(g_{ET})。

将固体潮校正值计算程序求得的校正值,直接加在重力读数上,即完成了固体潮校正。但有些程序可能给出的是固体潮变化值,应用时需要改变正负号。

3. 仪器高校正

正常重力垂直梯度约为-0.3086×10^{-5}(m/s^2·m),即仪器高度上升1cm,重力值约减小3×10^{-8}m/s^2。野外观测中,重力仪安置高度的变化值通常可以达到几个厘米以上,对于较高精度的重力测量来说,这项校正必不可少。

在观测点上调平仪器之后,用尺子量取仪器上的固定位置(如仪器底面或底盘上沿等)与代表测点高度的桩顶或水平地面间的相对高差 δh(仪器高于测点为正)。

仪器高校正值为:
$$g_h = 0.3086 \times \delta h \tag{8-1}$$

重力仪读数,经过格值换算、固体潮校正和仪器高校正,得到校正后的重力读数:
$$g_i = g_{0i} + g_{ET} + g_h \tag{8-2}$$

式(8-1)、式(8-2)中:δh 单位为 m,其他重力值单位均为 10^{-5}m/s^2。

4. 零位校正

零位校正也称作漂移改正,各个普通重力测点的零位校正值用 δg_i 表示。在单次重力测量中,各个测点观测时刻的零位改正值,是由首尾基点观测值(重力读数 g_i)的变化,按照时间进行线性内插得到的。

当重力仪观测闭合于同一基点时,观测点零位校正值计算公式如式(8-3):
$$\delta g_i = -\frac{(g_2 - g_1)}{(T_2 - T_1)} \times (T_i - T_1) \tag{8-3}$$

当重力仪观测闭合于不同基点时,观测点零位校正值计算公式如式(8-4):
$$\delta g_i = -\frac{(g_2 - g_1) - (G_2 - G_1)}{(T_2 - T_1)} \times (T_i - T_1) \tag{8-4}$$

式中:G_1、G_2 分别为起始基点、闭合基点重力值,为所在重力基点网的相对或绝对重力值;g_1、g_2、g_i 分别为起始基点、闭合基点、测点经格值换算、固体潮校正和仪器高校正后的重力读数;T_1、T_2、T_i 分别为起始基点、闭合基点、测点的观测时刻。

各观测点相对重力值的计算公式如式(8-5):
$$\Delta g_i = G_1 + (g_i - g_1) + \delta g_i \tag{8-5}$$

式中:Δg_i 为测点 i 相对于起始基点 G_1 的重力差值。

三、布格重力异常计算

对重力观测值作初步整理后,便获得了各测点的相对重力值;当 G_1 和 G_2 均为绝对重力值时,Δg_i 亦为绝对重力值。其中既包含与地质体分布有关的地下剩余质量的贡献值,也包含有因测点水平坐标、高程、中间物质层和测点周围的地形影响。

布格重力异常是单纯反映地下地质体剩余质量形成的异常场,故需要根据不同要求对上述影响进行相应的校正计算。各校正项包括:布格校正(含测点高度校正、中间层物质校正两部分)、地形校正和正常场校正。

布格重力异常可分为绝对布格重力异常与相对布格重力异常。当实测重力值换算成绝对重力值,并且上述各项校正都是以大地水准面作为起算标准,得到绝对布格重力异常值;当实测所得是相对于测区总基点的相对重力值,各项校正均是以总基点和通过总基点所在的大地水准面作为起算标准,得到相对布格重力异常值。绝对布格异常值与相对布格异常值的形态是一样的,仅在数值上相差一个常数。

1. 高度校正

高度校正值的计算公式如式(8-6):

$$\Delta g_h = 0.3086(1+0.0007\cos2\varphi)(h-h_0) - 0.72\times10^{-7}(h-h_0)^2 \quad (8-6)$$

式中：φ 为测点的地理纬度(°)；h 为测点的海拔高程(m)；h_0 为总基点的海拔高程(m)，若以大地水准为校正基准面，则 $h_0=0$；高度校正值 Δg_h 单位为 10^{-5}m/s^2。

当测区较小，$(h-h_0)$ 不太大时，式(8-6)可简化为式(8-7)：

$$\Delta g_h = 0.3086(h-h_0) \quad (8-7)$$

2. 中间层校正

中间层校正值的计算公式如式(8-8)：

$$\Delta g_\sigma = -0.0419\sigma(h-h_0) \quad (8-8)$$

式中：σ 为测点以下厚度为 $(h-h_0)$ 的中间物质层的平均密度，单位为 g/cm^3，当求取绝对布格重力异常时，规定 σ 取地壳的平均密度 2.67g/cm^3，当求相对布格重力异常时，σ 应取当地的地表岩石平均密度；h、h_0 分别是测点、总基点的高程(m)，求绝对布格异常时 $h_0=0$。中间层校正值 Δg_σ 单位为 10^{-5}m/s^2。

通常，将高度校正和中间层校正合并，称为布格校正，写作式(8-9)：

$$\Delta g_B = (0.3086 - 0.0419\sigma)(h-h_0) \quad (8-9)$$

3. 地形校正

当测点周围地形起伏不平时，若过测点作一水平面，这时一部分地形高于水平面(地形质量盈余)，一部分地形低于水平面(地形质量缺失)。无论地形质量盈余或缺失，都使测点重力观测值减小，因此，地形校正值总是正的，用 Δg_T 表示。

地形校正比较复杂，需要经过设计、分区完成，其方法在本书其他部分有较详细的阐述，这里不再重复。

4. 正常场校正

正常场校正一般分为绝对纬度校正及相对纬度校正两种方式。

(1)绝对纬度校正。在求绝对布格重力异常时通常是以测点的 x、y 坐标换算得到测点的经、纬度，然后代入正常重力公式，求出该点的正常重力值。目前我国统一使用赫尔默特(1901—1909 年)正常重力公式来计算正常重力值 γ_0：

$$\gamma_0 = 978\,030(1+0.005\,302\sin^2\varphi - 0.000\,007\sin^2 2\varphi) \quad (8-10)$$

式中：φ 为测点的地理纬度(°)；γ_0 单位为 10^{-5}m/s^2。

(2)相对纬度校正(纬度校正)。当测区范围较小，且求取相对布格重力异常时，将总基点的正常重力值当作零，每一测点都相对于总基点进行校正，以消除因纬度不同引起的重力变化。其公式为：

$$\Delta g_\varphi = -0.8139\sin2\phi\Delta x \quad (8-11)$$

式中：ϕ 为总基点纬度(°)；Δx 为测点距总基点的南北向距离，即测点与总基点 x 坐标的差值，单位为 km；Δg_φ 单位为 10^{-5}m/s^2。

布格重力异常计算公式如式(8-12)：

$$\Delta g_\text{布} = \Delta g + \Delta g_B + \Delta g_T + \Delta g_\varphi \quad (8-12)$$

式中：Δg 为测点相对重力值；$\Delta g_\text{布}$ 为测点相对布格重力异常。

四、布格重力异常精度

由式(8-12)可见，测点的布格重力异常值由该点的相对重力值、布格校正值、地形校正值、正常场校正值 4 个数值确定。所以，布格重力异常的精度 $\varepsilon_{布}$，亦由这 4 个数值的精度，即重力观测精度 $\varepsilon_{观}$、布格校正精度 ε_B、地形校正精度 ε_T、正常场校正精度 ε_φ 所确定，各项精度均以标准差形式表示。

1. 重力观测精度

以在相同测点进行一定数量的重复测量（通常为总测点数的 5% 左右），用所取得的相对重力值进行统计计算。当所有检查点都只进行一次检查观测时（单次检查），根据式(8-13)进行观测精度统计：

$$\varepsilon_{观} = \pm \sqrt{\frac{\sum_{i=1}^{n} \delta_i^2}{2n}} \tag{8-13}$$

式中：δ_i 为第 i 个检查点两次观测所得相对重力值的差值；n 为检查观测点数。

2. 布格校正精度

测点相对于总基点的高差 $\Delta h = h - h_0$，当测地工作统计得到的标准差为 ε_h 时，由式(8-9)，可以得到布格校正值的标准差为：

$$\varepsilon_B = \pm(0.3086 - 0.0419\sigma)\varepsilon_h \tag{8-14}$$

式中：ε_B 为布格校正精度（$10^{-5}\,\mathrm{m/s^2}$）；ε_h 单位为 m。忽略中间层校正密度 σ 的误差。

中间层校正密度 σ，应根据密度测定和统计结果，并参考密度试验剖面及密度测井等结果综合确定。如果校正密度取值偏差较明显，会导致较大的与地形起伏相关的假异常，此处须慎重。

3. 地形校正精度

近区地改精度由在野外现场完成的单次检查工作量，用式(8-13)计算。中区和远区地改，可采用不同地改方法，或另取一套高程数据，全部重算得到的对比数据；如果是人工进行中远区地改，须进行抽检，用式(8-13)计算精度。最终总的地改精度 ε_T 使用各区地改精度进行合成，用式(7-2)计算确定。

通常，地形校正密度和中间层校正密度应取相同值。

4. 正常场校正精度

测地工作统计得到测点南北向坐标（x 坐标）的标准差为 ε_x，由式(8-11)可以得到布格校正值的标准差为：

$$\varepsilon_\varphi = \pm 0.8139 \sin 2\phi \varepsilon_x \tag{8-15}$$

式中：ε_φ 为布格校正精度（$10^{-5}\,\mathrm{m/s^2}$）；ε_x 单位为 km；忽略总基点纬度 ϕ 的误差。

5. 布格重力异常精度

布格重力异常精度 $\varepsilon_{布}$，由重力观测精度 $\varepsilon_{观}$、布格校正精度 ε_B、地形校正精度 ε_T、正常场校正精度 ε_φ 合成确定：

$$\varepsilon_{布} = \pm \sqrt{\varepsilon_{观}^2 + \varepsilon_B^2 + \varepsilon_T^2 + \varepsilon_\varphi^2} \tag{8-16}$$

五、实验计算数据

1. 表 8-1 计算步骤

(1)重力差等于重力读数(已在仪器内部完成固体潮校正)加仪器高校正值。
(2)"零位改正值"用式(8-3)计算。
(3)相对重力值＝(重力值＋零位改正值)×格值修正系数。

表 8-1 重力仪观测数据初步整理

工区：新疆巴里坤　　　　仪器号：CG-5/0720　　　　计算者：
日期：2014.10.22　　　　格值修正系数：1.000 32　　　校对者：

测点号	重力读数	仪器高	重力差	时间	零位改正值	相对重力值
基点	5390.480	0	0	10:59:32	0	0
0	5380.538	0		12:02:16		
20	5379.777	−5		12:05:41		
40	5381.560	0		12:09:14		
60	5380.055	−3		12:13:47		
80	5377.393	0		12:17:24		
100	5376.332	0		12:23:01		
120	5376.605	1		12:27:03		
140	5376.028	−1		12:30:26		
160	5374.084	−3		12:34:41		
180	5371.967	−2		12:38:19		
200	5370.211	0		12:41:40		
220	5371.132	−2		12:45:26		
240	5372.875	0		12:48:31		
260	5373.213	−2		12:51:52		
280	5373.183	−1		12:54:33		
300	5371.605	−4		12:57:16		
320	5371.484	−2		13:00:23		
340	5370.323	−4		13:03:32		
360	5370.569	0		13:06:28		
380	5373.253	−1		13:17:33		
400	5376.495	−4		13:22:45		
420	5378.815	0		13:27:27		

续表 8-1

测点号	重力读数	仪器高	重力差	时间	零位改正值	相对重力值
440	5379.093	0		13:31:53		
460	5377.193	−4		13:36:24		
480	5376.880	1		13:41:43		
500	5380.770	0		13:51:49		
520	5383.732	3		13:55:55		
540	5386.384	0		13:59:41		
560	5388.249	0		14:03:01		
580	5386.457	2		14:08:08		
600	5386.797	−1		14:11:53		
620	5385.902	0		14:14:35		
640	5383.825	−3		14:17:40		
660	5381.042	0		14:21:03		
680	5377.962	−3		14:25:54		
700	5382.162	−2		14:38:47		
720	5383.439	0		14:44:59		
740	5383.022	−3		14:53:12		
760	5383.390	0		14:57:35		
780	5384.743	0		15:02:00		
800	5385.499	−4		15:06:47		
820	5387.909	0		15:12:13		
840	5389.681	0		15:15:29		
860	5390.979	0		15:21:53		
880	5390.726	0		15:25:26		
900	5392.238	−5		15:29:27		
920	5394.377	0		15:32:50		
940	5394.930	0		15:35:24		
960	5394.972	−1		15:37:46		
980	5396.409	0		15:40:08		
1000	5396.414	0		15:42:24		
基点	5390.449	0		18:26:39		

注：表中重力读数已完成固体潮校正，单位为 $10^{-5} m/s^2$；仪器高单位为 cm。

2. 表 8-2 计算步骤

(1)"布格校正值"用式(8-9)计算。
(2)"纬度校正值"用式(8-11)计算。
(3)"布格异常值"用式(8-12)计算。
(4)"布格校正精度"用式(8-14)计算。
(5)"纬度校正精度"用式(8-15)计算。
(6)"布格异常精度"用式(8-16)计算。

表 8-2 布格重力异常计算

工区:秦皇岛柳江盆地　　工区平均纬度:40.1°　　计算者:
日期:2013.8.10　　　　 中间层密度:2.67g/cm³　校对者:

点号	相对重力值	x 坐标	y 坐标	高程	地形校正	布格校正	纬度校正	布格异常
总基点	0	465 770.168	4 436 404.864	99.228	—	—	—	0
20	0.653	465 957.558	4 435 734.273	93.654	0.173			
21	0.800	465 946.746	4 435 757.190	92.888	0.171			
22	0.812	465 936.334	4 435 779.563	92.837	0.172			
23	0.861	465 922.506	4 435 800.134	92.609	0.168			
24	0.886	465 899.796	4 435 810.223	92.506	0.171			
25	0.951	465 877.948	4 435 823.388	92.159	0.161			
26	1.030	465 858.099	4 435 838.813	91.761	0.160			
27	1.056	465 847.006	4 435 861.424	91.464	0.165			
28	1.124	465 836.128	4 435 883.563	91.268	0.165			
29	1.206	465 827.427	4 435 907.175	90.905	0.173			
30	1.235	465 817.763	4 435 929.984	90.811	0.174			
31	1.302	465 808.700	4 435 953.739	90.470	0.188			
32	1.414	465 799.591	4 435 976.089	90.064	0.178			
33	1.400	465 791.019	4 435 999.886	90.242	0.165			
34	1.338	465 784.676	4 436 023.923	90.593	0.163			
35	1.346	465 777.922	4 436 048.645	90.790	0.156			
36	1.395	465 773.356	4 436 072.920	90.815	0.153			
37	1.451	465 774.253	4 436 097.532	90.765	0.148			
38	1.484	465 777.171	4 436 123.080	90.929	0.143			
39	1.482	465 780.186	4 436 147.653	91.123	0.150			
40	1.475	465 783.545	4 436 172.016	91.262	0.161			
41	1.436	465 786.834	4 436 197.107	91.696	0.153			
42	1.348	465 790.042	4 436 221.457	92.289	0.146			
43	1.264	465 796.526	4 436 246.270	92.630	0.154			
44	1.132	465 800.210	4 436 271.056	93.277	0.146			

续表 8-2

点号	相对重力值	x 坐标	y 坐标	高程	地形校正	布格校正	纬度校正	布格异常
45	0.963	465 802.261	4 436 295.719	94.337	0.144			
46	0.893	465 803.586	4 436 320.531	95.053	0.144			
47	0.718	465 813.823	4 436 343.589	96.046	0.146			
48	0.440	465 818.210	4 436 367.955	97.221	0.154			
49	0.078	465 810.304	4 436 391.735	98.896	0.151			
50	−0.215	465 795.662	4 436 412.101	100.258	0.156			
51	−0.249	465 777.451	4 436 429.424	100.447	0.140			
52	−0.250	465 760.573	4 436 447.950	100.754	0.146			
53	−0.307	465 747.972	4 436 469.419	101.113	0.151			
54	−0.315	465 737.956	4 436 492.916	101.214	0.163			
55	−0.347	465 729.635	4 436 516.055	101.456	0.173			
56	−0.386	465 716.227	4 436 537.234	102.441	0.187			
57	−0.681	465 701.660	4 436 556.858	104.471	0.190			
58	−0.939	465 690.918	4 436 579.617	105.294	0.203			
59	−0.981	465 688.445	4 436 604.756	105.578	0.224			
60	−1.056	465 676.624	4 436 626.877	105.766	0.251			
61	−1.460	465 657.646	4 436 643.732	107.899	0.259			
62	−1.815	465 641.529	4 436 662.521	109.989	0.268			
63	−2.229	465 629.782	4 436 683.807	111.448	0.286			
64	−2.104	465 615.538	4 436 704.475	110.278	0.292			
65	−1.845	465 602.684	4 436 726.738	108.446	0.305			
66	−1.414	465 592.613	4 436 749.020	105.882	0.327			
67	−0.999	465 583.965	4 436 773.127	103.750	0.366			
68	−0.799	465 575.842	4 436 795.810	102.422	0.312			
69	−0.637	465 562.598	4 436 817.181	101.411	0.287			
70	−0.048	465 555.249	4 436 841.079	98.917	0.282			
71	0.487	465 551.067	4 436 866.005	95.990	0.277			
72	1.047	465 538.792	4 436 888.120	92.829	0.260			
73	1.694	465 528.090	4 436 910.974	89.267	0.266			
74	2.138	465 515.411	4 436 932.428	87.118	0.241			
75	2.549	465 500.950	4 436 952.874	84.622	0.241			
76	2.814	465 492.981	4 436 976.536	82.660	0.231			
77	3.092	465 485.013	4 437 000.063	80.934	0.218			
78	3.223	465 477.833	4 437 024.028	80.035	0.210			
79	3.416	465 475.250	4 437 049.100	79.118	0.222			
80	3.598	465 480.966	4 437 073.473	78.390	0.227			
标准差	±0.015	±0.500	±0.500	±0.050	±0.025			

注：表中重力单位为 $10^{-5} \mathrm{m/s^2}$；测点坐标及高程单位为 m。

六、实验报告编写

1. 实验目的和要求
2. 实验内容

(1) 简述重力资料初步整理的基本内容及整理计算方法。

(2) 简述布格重力异常计算的基本内容及计算方法。

(3) 附上初步整理表、布格异常计算及异常精度统计表。

3. 问题讨论

(1) 当重力仪沿东西向二度剖面(图 8-1)进行测量时,若已知地表岩石平均密度为 2.00g/cm^3,试问当地下没有剩余质量分布时,在高差为 10m 的 A、B 两点上重力仪的读数差值是多少?(不考虑重力仪的零位变化值和其他测量误差)。

(2) 在起伏不平的自然地表上,各测点的相对重力值经过各项校正之后,所得的布格异常值是否为在同一水准面(大地水准面或总基点的水准面)的异常值,为什么?

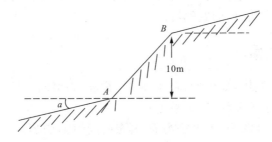

图 8-1 二度地形剖面

(3) 如果中间层校正密度取值偏差较明显,会导致较大的与地形起伏相关的假异常。假设工区最大地形起伏达 100m,校正密度取值偏差 0.1g/cm^3,试根据布格校正公式(8-9),计算假异常的最大幅度,并分析密度取值偏大或偏小时,假异常的特征差异。

实验九　模型重力异常正反演计算

一、实验内容和要求

(1)熟悉球体、水平圆柱体、垂直台阶等规则形体重力异常的正演计算方法。

(2)通过对计算公式的推演,熟悉快速求取球体、水平圆柱体极大值及异常特征点参数的实用公式,并进行相关计算和作图,借此对单一场源重力勘探的分辨力进行分析。

(3)熟悉球体、水平圆柱体、垂直台阶等模型各主要产状要素的重力异常反演方法。

(4)掌握横截面为任意多边形的水平柱体场源的重力异常正演计算方法,并了解复杂形状二度体的选择法(或称拟合法)反问题解法。

二、球体异常正反演

一些近于等轴状的地质体,如矿囊、岩株、矿巢、穹隆、岩溶洞穴等,可以用球体估算重力异常;当地质体的横向规模小于埋深时,效果更好。

设密度均匀球体中心埋深为 D、半径为 R、剩余密度为 σ,则剩余质量为:

$$M = \frac{4}{3}\pi R^3 \sigma \tag{9-1}$$

通过球体中心剖面的重力异常为:

$$\Delta g = \frac{GMD}{(x^2+D^2)^{3/2}} \tag{9-2}$$

式中:万有引力常数 $G = 6.67 \times 10^{-11} \text{m}^3/(\text{kg} \cdot \text{s}^2)$;$x$ 为计算点至球心在地面投影点(即 O 点,其左、右分别为 x 轴的负半区和正半区)的距离。

当重力异常 Δg 使用 10^{-5}m/s^2 单位,剩余密度 σ 使用单位 g/cm³,R、D 和 x 均以 m 为单位时,式(9-2)可写成实用公式:

$$\Delta g = \frac{0.027\,94 \times R^3 \sigma D}{(x^2+D^2)^{3/2}} \tag{9-3}$$

球心在地面投影点位置($x=0$)处,Δg 有极大值,其值为:

$$\Delta g_{\max} = \frac{GM}{D^2} = \frac{0.027\,94 \times R^3 \sigma}{D^2} \tag{9-4}$$

当 Δg 等于极大值 $\Delta g_{\max}$ 的 $1/n$ 时,可由式(9-2)和式(9-4)解得计算点 x 坐标值:

$$x_{1/n} = \pm D\sqrt{n^{2/3}-1} \tag{9-5}$$

由式(9-5),当取 $n=2$ 时,$x_{1/n} = \pm 0.7664D$,即在球体重力异常曲线上的半极值点所对应的 x 坐标值,为其中心埋深的 0.7664 倍。可以用此规律定量反演(或估计)球体的中心埋深 D。此时,地质体的顶部埋深为 $h = D - R$。

当取 $n=20$ 时，$x_{1/20}=\pm2.5235D$。如果认为 $x_{1/20}$ 坐标位置处的重力异常（异常值为 $\Delta g_{\max}$ 的 1/20）已经接近正常场范围，则可以大致认为：球体异常沿水平方向的分布范围约为其中心埋深 D 的 5～6 倍（$x_{1/20}$ 的 2 倍）。这在异常的确认，以及在前期重力测量工作的设计和测线（测区）布置当中都具有重要的实用价值。

式(9-4)可以写作：

$$\Delta g_{\max}=\frac{GM}{D^2}=\frac{0.00667M}{D^2} \tag{9-6}$$

式中：Δg 使用 $10^{-5}\mathrm{m/s^2}$ 为单位，剩余质量 M 使用 t 为单位，D 用 m 为单位。

如果重力异常的极大值 $\Delta g_{\max}$ 用最小可靠异常 δg 代替，式(9-6)可写作：

$$\frac{M}{D^2}=\frac{\delta g}{G}=\frac{\delta g}{0.00667}\approx150\delta g \tag{9-7}$$

对于具体的重力资料而言，δg 的数值是确定的，一般认作等于实测重力异常精度的 2.5～3.0 倍；此时，$\delta g/G$ 可以看作一个有确定数值的系数。于是，球体产生的异常是否可以被重力勘探有效发现，取决于剩余质量 M 与中心埋深平方 D^2 的比值，这里称为"分辨系数"。当某个球形地质体的分辨系数（M/D^2）不小于由最小可靠异常 δg 确定的临界值时，从理论上来说，是可以被重力勘探发现并确认的。

当 δg 用 $10^{-5}\mathrm{m/s^2}$ 为单位，剩余质量 M 用 t 为单位，D 用 m 为单位时，可以用式(9-7)计算出与不同 δg 对应的临界分辨系数，见表 9-1。

表 9-1 球体的临界分辨系数

δg ($10^{-5}\mathrm{m/s^2}$)	临界分辨系数	重力异常精度说明
0.02	3	约为实测重力异常极限精度的 2～3 倍
0.04	6	约对应 1:5000 重力勘探资料的最小可靠异常
0.06	9	（布格重力异常精度约±$0.020\times10^{-5}\mathrm{m/s^2}$）
0.08	12	约对应 1:10 000 重力勘探资料的最小可靠异常
0.10	15	（布格重力异常精度约±$0.040\times10^{-5}\mathrm{m/s^2}$）
0.12	18	

显然，临界分辨系数越大（最小可靠异常越大），要求剩余质量 M 越大，或中心埋深 D 越小。球体剩余质量相同时，中心埋深越小，分辨系数越大。

如果将式(9-7)写作：

$$M=\frac{\delta g}{G}D^2=\frac{\delta g}{0.00667}D^2 \tag{9-8}$$

可以得到不同最小可靠异常条件下，剩余质量 M 和中心埋深 D 的对应值，更加直观地表示二者的关系，见表 9-2。图 9-1 是重力资料对球体的极限分辨力的 D-M 曲线（取最小可靠异常值 $0.02\times10^{-5}\mathrm{m/s^2}$，约为实测重力异常极限精度的 2～3 倍）。

由式(9-8)可知，当异常的极大值 $\Delta g_{\max}$ 达到 $0.1\times10^{-5}\mathrm{m/s^2}$（约对应 1:10 000 重力勘探资料的可靠异常）；若此时球体场源中心埋深为 $D=200\mathrm{m}$，则剩余质量 M 达到 60×10^4 t 及以上，该异常才能被确认。

表 9-2 球体分辨力

$\delta g(10^{-5}\text{m/s}^2)$ \ D	2m	4m	6m	8m	10m	12m	14m	16m	18m	20m
0.02	12	48	108	192	300	432	588	768	972	1200
0.04	24	96	216	384	600	864	1176	1536	1944	2400
0.06	36	144	324	576	900	1296	1764	2304	2916	3600
0.08	48	192	432	768	1200	1728	2352	3072	3888	4800
0.10	60	240	540	960	1500	2160	2940	3840	4860	6000
0.12	72	288	648	1152	1800	2592	3528	4608	5832	7200

注：剩余质量 M 单位为 t(吨)。

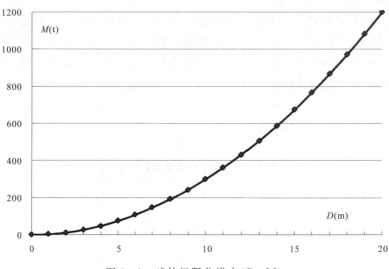

图 9-1 球体极限分辨力（D-M）

另外，由于球体重力异常沿水平方向的分布范围，约为其中心埋深 D 的 5~6 倍（$x_{1/20}$ 的 2 倍）。对于剩余质量本身不大，且埋深又较大的球形场源，局部重力异常准确提取的难度较大。所以，实际工作中，并不是所有满足式（9-7）或式（9-8）的球形场源的重力异常，都可以被准确发现。

三、水平圆柱体异常正反演

对于横截面长宽相当、沿水平方向延伸较大的二度地质体，如某些固体矿、两翼陡立的褶皱（背斜、向斜）构造等，可以用水平圆柱体估算其重力异常。当地质体水平延伸长度 $L \to \infty$ 时，与走向垂直剖面的重力异常为：

$$\Delta g = \frac{2G\lambda D}{x^2 + D^2} \tag{9-9}$$

式中：G 为万有引力常数；x 为计算点至场源中心投影点（即 O 点，其左、右分别为 x 轴的负半区和正半区）的距离；D 为场源中心埋深；λ 为剩余线密度，用式（9-10）表示：

$$\lambda = \sigma \times S = \sigma \times \pi R^2 \tag{9-10}$$

式中：σ 为剩余密度；S 为圆柱体模型的横截面积；R 为圆柱体半径。

当重力异常 Δg 使用单位 $10^{-5}\,\text{m/s}^2$，剩余密度 σ 使用单位 g/cm^3，R、D 和 x 均以 m 为单位时，式（9-9）可写成实用公式：

$$\Delta g = \frac{0.0419 R^2 D \sigma}{x^2 + D^2} \tag{9-11}$$

圆柱体中心在地面投影点位置（$x=0$）处，Δg 有极大值，其值为：

$$\Delta g_{\max} = \frac{2 G \lambda}{D} = \frac{0.0419 R^2 \sigma}{D} \tag{9-12}$$

当 Δg 等于极大值 $\Delta g_{\max}$ 的 $1/n$ 时，可由式（9-9）和式（9-12）解得计算点 x 坐标：

$$x_{1/n} = \pm D \sqrt{n-1} \tag{9-13}$$

由式（9-13），当取 $n=2$ 时，$x_{1/2} = \pm D$，即水平圆柱体垂直剖面上重力异常曲线的半极值点所对应的 x 坐标值，等于其中心埋深，可以用此规律定量反演（或估计）圆柱体中心埋深 D。此时，顶部埋深为 $h = D - R$。

当取 $n=20$ 时，$x_{1/20} = \pm 4.3689 D$。如果认为 $x_{1/20}$ 坐标位置处的重力异常（其值为 $\Delta g_{\max}$ 的 $1/20$）已经接近正常场范围，则可以大致认为：水平圆柱体重力异常沿与走向垂直方向的分布范围约为其中心埋深 D 的 $8\sim10$ 倍（$x_{1/20}$ 的 2 倍）。这在异常的确认，以及在前期重力测量工作的设计和测线（测区）布置当中都具有重要的实用价值。

式（9-12）可以写作：

$$\Delta g_{\max} = \frac{2 G \lambda}{D} = \frac{0.01334 \lambda}{D} \tag{9-14}$$

式中：Δg 单位为 $10^{-5}\,\text{m/s}^2$，剩余线密度 λ 单位为 t/m；D 单位为 m。

下面讨论重力资料对水平圆柱体的分辨能力问题。如果重力异常的极大值 $\Delta g_{\max}$ 用最小可靠异常 δg 代替，式（9-14）可写作：

$$\frac{\lambda}{D} = \frac{\delta g}{2 G} = \frac{\delta g}{0.01334} \approx 75 \delta g \tag{9-15}$$

将 λ/D 作为水平圆柱体的"分辨系数"，用 $\delta g / 2G$ 作为其临界值。当某水平圆柱体的分辨系数（λ/D）不小于临界值时，从理论上来说，就是可以被重力勘探发现和确认。

当 δg 用 $10^{-5}\,\text{m/s}^2$ 为单位，剩余线密度 λ 用 t/m 为单位，D 用 m 为单位时，可以用式（9-15）计算出与不同 δg 对应的临界分辨系数，见表 9-3。

表 9-3 水平圆柱体的临界分辨系数

δg ($10^{-5}\,\text{m/s}^2$)	临界分辨系数	重力异常精度说明
0.02	1.5	约为实测重力异常极限精度的 2~3 倍
0.04	3.0	约对应 1∶5000 重力勘探资料的最小可靠异常
0.06	4.5	（布格重力异常精度约 $\pm 0.020 \times 10^{-5}\,\text{m/s}^2$）
0.08	6.0	约对应 1∶10 000 重力勘探资料的最小可靠异常
0.10	7.5	（布格重力异常精度约 $\pm 0.040 \times 10^{-5}\,\text{m/s}^2$）
0.12	9.0	

对相同的最小可靠异常 δg,水平圆柱体的临界分辨系数比等半径的球体小 50%,说明中心埋深 D 的增大对水平圆柱体分辨力影响较小。但是,临界分辨系数越大(最小可靠异常越大),要求剩余线密度 λ 越大,或中心埋深 D 越小,这一点是相似的。而且,λ 和 D 是由临界分辨系数确定的线性关系:

$$\lambda = \frac{\delta g}{2G} D = \frac{\delta g}{0.01334} D \tag{9-16}$$

例 1:当 $\delta g = 0.02 \times 10^{-5} \text{m/s}^2$(约对应重力异常极限精度),$D=40\text{m}$,则临界分辨系数为 1.5,剩余线密度 $\lambda = 60\text{t/m}$;若此时剩余密度 $\sigma = 0.5 \text{g/cm}^3$,则要求水平圆柱体的横截面积为 120m^2(对应半径 $R=6.2\text{m}$)。

例 2:当 $\delta g = 0.10 \times 10^{-5} \text{m/s}^2$(约对应 1∶10 000 比例尺重力异常精度),$D=200\text{m}$,则临界分辨系数为 7.5,剩余线密度 $\lambda = 1500\text{t/m}$;若此时剩余密度 $\sigma = 0.5 \text{g/cm}^3$,则要求水平圆柱体的横截面积为 3000m^2(对应半径 $R=30.9\text{m}$)。

由于水平圆柱体重力异常沿水平方向(垂直于走向)的分布范围,约为其中心埋深 D 的 8~10 倍($x_{1/20}$ 的 2 倍)。对于剩余线密度本身不大,且埋深又较大的水平圆柱体场源,局部重力异常准确提取的难度较大。所以,实际工作中,并非所有满足式(9-15)或式(9-16)的水平圆柱体场源的重力异常,都可以被准确发现。

式(9-16)中,水平圆柱体的 λ 和 D 之间为线性关系;而式(9-8)中,球体的 M 和 D 之间为平方关系。因此,从重力勘探探测能力这一点来看,球体比水平圆柱体随着场源中心埋深增加,探测能力降低更快。但是,球体重力异常起伏更剧烈、易于识别(剩余质量更集中);相反,水平圆柱体的重力异常表现较平缓,异常范围也更大,尤其当异常幅度较小时,更难从布格异常中进行提取。

水平圆柱体模型常可以用于水平方柱体,或截面长宽比例不太悬殊的其他二度体(条带状的岩脉、矿脉及褶皱核部密度异常带等),进行重力异常正演和反演估算。

四、垂直台阶异常正反演

对于一些高角度的断裂构造和岩性接触带,可以用垂直台阶模型估算重力异常,并对其异常特征进行研究和解释(图 9-2)。

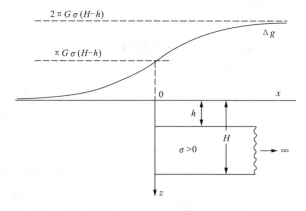

图 9-2 垂直台阶模型及重力异常

将坐标原点选在台阶铅垂面与地面的交线上，x 轴与台阶铅垂面走向垂直；台阶沿 x 轴正方向及沿 y 轴均为无限延伸。若台阶顶面与底面深度分别为 h 和 H，剩余密度为 σ，则台阶在 x 轴上 $p(x,0)$ 点处引起的重力异常为：

$$\Delta g = G\sigma\left[\pi(H-h) + x\ln\frac{x^2+H^2}{x^2+h^2} + 2H\arctan\frac{x}{H} - 2h\arctan\frac{x}{h}\right] \quad (9-17)$$

式中：G 为万有引力常数；当重力异常 Δg 使用 10^{-5}m/s^2 为单位，剩余密度 σ 使用 g/cm^3 为单位，H、h 和 x 均使用 m 为单位，并代入 G，式(9-17)可写成实用公式：

$$\Delta g = 0.006\,67\sigma\left[\pi(H-h) + x\ln\frac{x^2+H^2}{x^2+h^2} + 2H\arctan\frac{x}{H} - 2h\arctan\frac{x}{h}\right] \quad (9-18)$$

对式(9-17)进行分析，当 $x=0$ 时：

$$\Delta g(0) = \pi G\sigma(H-h) \quad (9-19)$$

当 $x\to\infty$ 时，Δg 达到极大值：

$$\Delta g_{\max} = 2\pi G\sigma(H-h) = 0.0419\sigma(H-h) \quad (9-20)$$

$$(H-h) \approx \frac{24}{\sigma}\Delta g_{\max} \quad (9-21)$$

式中：$\Delta g_{\max}$ 等于 $\Delta g(0)$ 的 2 倍。式(9-21)可用于估算台阶厚度 $(H-h)$，若台阶厚度已知（如通过钻探资料获得），则可以得到较准确的剩余密度 σ。

当 $x\to -\infty$ 时，Δg 达到极小值，$\Delta g_{\min}\to 0$。

由式(9-17)和图 9-2，还可以得到台阶重力异常的以下特征：

(1) 当剩余密度 σ 大于 0，Δg 曲线向台阶所在方向上升，并以坐标原点 O 为中心，呈中心对称形态；当剩余密度 σ 小于 0，Δg 曲线向台阶所在方向下降，并对称。

(2) 在坐标原点 O 处，Δg 曲线的变化率（变化梯度）最大；可以借此并参考 Δg 为极大值一半，确定垂直密度界面的水平位置（平面异常在此处等值线最密集）。

(3) $\Delta g(0)$ 和 $\Delta g_{\max}$ 只与剩余密度 σ 和台阶厚度 $(H-h)$ 有关；台阶上下顶面埋深（h 和 H）较大时，Δg 曲线变得较平缓，异常范围更大。

通常，h 和 H 不能单独确定。只有当 $(H-h)/h$ 很小时，在可以将台阶视作半无限大物质面时，方可用式(9-22)估计它们的大概数值：

$$\frac{H+h}{2} = x_{3/4} = -x_{1/4} \quad (9-22)$$

式中：$x_{3/4}$ 和 $x_{1/4}$ 分别为 $(3/4)\Delta g_{\max}$ 和 $(1/4)\Delta g_{\max}$ 点对应的 x 坐标值。

将式(9-21)和式(9-22)联立，可以求解得到：

$$H = x_{3/4} + \frac{12}{\sigma}\Delta g_{\max} \quad (9-23)$$

$$h = x_{3/4} - \frac{12}{\sigma}\Delta g_{\max} \quad (9-24)$$

下面讨论重力资料对垂直台阶的分辨能力问题。由式(9-20)，重力异常的极大值 $\Delta g_{\max}$ 用最小可靠异常 δg 代替，可以得到：

$$(H-h)\sigma = \frac{\delta g}{2\pi G} = \frac{\delta g}{0.0419} \approx 24\delta g \quad (9-25)$$

将 $(H-h)\sigma$ 作为垂直台阶的"分辨系数"，用 $\delta g/2\pi G$ 作为其临界值。当某垂直台阶的分辨系数$(H-h)\sigma \geqslant$临界值时,从理论上来说,是可以被重力勘探发现的。

当δg使用10^{-5}m/s²为单位,剩余密度σ用g/cm³为单位,H和h用m为单位时,可以用式(9-25)计算出与不同δg对应的临界分辨系数,见表9-4。

表9-4 垂直台阶的临界分辨系数

δg (10^{-5}m/s²)	临界分辨系数	重力异常精度说明
0.02	0.48	约为实测重力异常极限精度的2~3倍
0.04	0.96	约对应1:5000重力勘探资料的最小可靠异常
0.06	1.44	(布格重力异常精度约±0.020×10^{-5}m/s²)
0.08	1.92	
0.10	2.40	约对应1:10 000重力勘探资料的最小可靠异常
0.12	2.88	(布格重力异常精度约±0.040×10^{-5}m/s²)

例1:当$\delta g=0.02\times 10^{-5}$m/s²(约对应重力异常极限精度),则临界分辨系数为0.48。若剩余密度σ分别取0.2g/cm³和0.4g/cm³,则要求台阶厚度分别达到2.4m和1.2m以上,该异常才能被确认。

例2:当$\delta g=0.10\times 10^{-5}$m/s²(约对应1:10 000比例尺重力异常精度),则临界分辨系数为2.40。若剩余密度σ分别取0.2g/cm³和0.4g/cm³,则要求台阶厚度分别达到12m和6m以上,该异常才能被确认。

与球体和水平圆柱体模型相似,重力异常精度越高,越有利于发现和确认较小规模的台阶。当台阶埋深较大(H和h的数值均较大)时,重力异常的范围会加大,将给局部台阶异常的分离提取带来困难,并影响局部异常的精度。

这里讨论的垂直台阶,只是台阶模型中的一个特例,只在台阶边缘(密度分界面)呈高角度状态时适用。更完善的分析见重力勘探教材。

五、任意多边形截面二度体正演

1. 正演计算方法

复杂形状二度体通常利用多边形截面公式求出异常的近似值,即用多边形来近似任意截面形状,多边形边数愈多对形态刻画愈精确。

设计算点为坐标原点o,x轴垂直于二度体走向,z轴垂直向下(图9-3),则截面为多边形的水平棱柱体在观测点产生的重力异常Δg按式(9-26)计算:

$$\Delta g = G\sigma \sum_1^n \frac{x_i z_{i+1} - x_{i+1} z_i}{(x_{i+1}-x_i)^2 + (z_{i+1}-z_i)^2} \times \left[(z_{i+1}-z_i)\ln\left(\frac{x_{i+1}^2+z_{i+1}^2}{x_i^2+z_i^2}\right) - 2(x_{i+1}-x_i)\arctan\frac{x_i z_{i+1}-x_{i+1}z_i}{x_i x_{i+1}+z_i z_{i+1}}\right]$$

(9-26)

式中:G为万有引力常数。当重力异常Δg使用10^{-5}m/s²为单位,剩余密度σ使用g/cm³为

单位,坐标 x 和 z 均使用 m 为单位时,式(9-26)写作:

$$\Delta g = 0.006\,67\sigma \sum_1^n \frac{x_i z_{i+1} - x_{i+1} z_i}{(x_{i+1} - x_i)^2 + (z_{i+1} - z_i)^2} \times \left[(z_{i+1} - z_i) \ln\left(\frac{x_{i+1}^2 + z_{i+1}^2}{x_i^2 + z_i^2}\right) - 2(x_{i+1} - x_i) \arctan \frac{x_i z_{i+1} - x_{i+1} z_i}{x_i x_{i+1} + z_i z_{i+1}} \right] \tag{9-27}$$

式中:$-\pi < \arctan \dfrac{x_i z_{i+1} - x_{i+1} z_i}{x_i x_{i+1} - z_{i+1} z_i} < \pi$;$i$ 为多边形角点编号;n 为多边形角点总数;x_i 和 z_i 分别为各角点的 x、z 坐标。

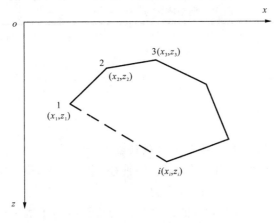

图 9-3 计算原理

2. 反问题解法

横截面为复杂形状二度地质体的反问题解法通常使用选择法,或称拟合法,是以正演计算为基础的一种人机交互反演方法。主要步骤如下:

(1)设计场源的初值,即先假定地质体的截面近似的形状、大小、埋深及剩余密度,用多边形截面公式求解其正问题。

(2)用正演结果与实际异常值相比较,在不相符处进行模型体修改(修改多边形角点的数量及其坐标值),再次进行正问题的计算。

(3)如此反复进行多次,直到计算值与实际异常相比较,符合异常精度要求为止;认为最终模型的产状要素就是该重力异常反问题的解。

3. 实验中的正演计算任务

(1)设计和编写求解多边形截面二度体正问题的计算程序。

(2)已知某单一二度体场源的截面角点坐标如表 9-5 所示,计算 $x=0\sim1200$m 区间的重力异常,计算点间隔 20m,重力异常用单位 10^{-5}m/s^2 表示。

(3)按 1:10 000 比例尺绘制图件。上部为重力异常曲线,下部为模型断面;x 坐标位置对齐,并标注各参数及单位,图件准确、协调、美观。

表 9-5　某二度体场源参数

角点编号	x 坐标(m)	z 坐标(m)
1	600	20
2	620	40
3	650	20
4	630	200
5	560	200
6(同"1")	600	20
剩余密度 $\sigma=0.4\mathrm{g/cm^3}$		

六、实验报告编写

1. 实验目的和要求
2. 实验内容

(1)选择一种规则形体场源(参数自定),对其重力异常进行正演计算,并绘图。

(2)对于选定的模型类别,设计多套参数(如直径、中心埋深、剩余密度等)计算其极大值和特征点参数,阐述重力勘探对该模型的分辨能力。

(3)对于选定模型正演获得的异常曲线,用特征点反演法,求取主要产状要素。

(4)用横截面为任意多边形水平柱体的正演公式,计算倾斜脉状模型的重力异常(表 9-5,大致产状:上顶 20m,下底 200m,水平宽度 10m,倾角 70°,剩余密度 $0.3\mathrm{g/cm^3}$)。

3. 计算要求

(1)"实验内容"中(1)、(2)、(3)项,每人选定一种模型即可。

(2)每人完成"实验内容"中的(1)、(2)、(3)组合,或(1)、(4)组合即可。

(3)计算剖面两端的异常应小于异常极大值的 1/20。

(4)每条计算剖面不少于 41 个计算点,且点距均匀、过中心点。

4. 问题讨论

(1)相同直径的球体和水平圆柱体模型,重力异常幅值及两翼衰减特征比较。

(2)假定有一个球形溶洞(剩余密度 $-2.67\mathrm{g/cm^3}$),异常精度为 $30\times10^{-8}\mathrm{m/s^2}$,中心埋深为 10m 时,球体半径最小应大于多少才能被发现?

(3)将截面直径为 2.5m 的水平人防通道,视作无限延伸水平圆柱体,剩余密度 $-2.30\mathrm{g/cm^3}$;异常精度为 $30\times10^{-8}\mathrm{m/s^2}$,其中心埋深应小于多少才能被发现?

(4)哪些真实地质体可以用脉状二度体模型表示?直立脉状模型与水平圆柱体模型重力异常的区别何在?简述倾斜脉状模型两侧重力异常特征的比较。

实验十　布格重力异常的划分与解释

一、实验内容和要求

(1)了解引起重力异常的地质因素及布格重力异常划分与解释的基本过程。
(2)掌握对重力异常进行平滑、插值、投影等预处理方法。
(3)掌握用平滑曲(直)线法、偏差值法进行重力异常划分的方法。
(4)掌握用重力异常进行 V_{xz}、V_{zzz} 换算的方法,了解其作用和效果。
(5)运用二度体反演方法,根据提供的资料及自己的处理结果,对局部场源进行简单的定量计算解释。

二、重力异常解释概述

(一)引起重力异常的地质因素

地表重力的平均值约为 980 伽(10^{-2} m/s^2),主要由地幔及地核物质质量所引起。由于地幔及地核的形状规则、横向密度变化较小,故重力场变化也是规则和平缓的。

地壳物质引起的重力值约为重力全值的 1/1000,即 1000×10^{-5} m/s^2。通常所说的重力异常,是由地壳最上部 5~10 km 内岩石密度横向变化所引起的,一般不超过 100×10^{-5} m/s^2。与有经济价值的矿体有关的重力异常,一般不超过 10×10^{-5} m/s^2。

大范围平均布格重力异常特征,主要对应着莫霍面起伏,即较好反映了地壳厚度的变化。在莫霍面及以上,由深及浅引起重力异常的地质因素主要是:

(1)莫霍面及康拉德面的深度和起伏变化。
(2)结晶基底顶面的起伏及其内部密度变化。
(3)结晶基底上方各类岩性交界面形成的横向密度变化。
(4)沉积岩内部构造及成分变化。
(5)金属或非金属矿藏或局部侵入岩体。
(6)地表岩性变化及浅部的小型构造等。

(二)重力异常划分的依据

由观测重力值得到的布格重力异常,包含了从地表到深部所有密度不均匀因素引起的重力效应的总和。要根据布格异常求解某个或某类地质体,需首先从叠加异常中分离(划分)出单纯由这个或这类地质体引起的异常,然后进行反演解释。

重力异常划分的基本依据是:源于深部的异常往往呈现出相对规则而平缓的特征,而浅部、小规模地质体异常则恰恰相反,以幅值有限的较剧烈变化为特征。

要注意的是,区域(背景)重力异常与局部重力异常,这两个概念永远是相对的。如结晶基底顶面的起伏所引起的异常,在大范围莫霍面研究中属于局部异常;但在以金属矿勘探或圈定侵入岩体为目标的研究中,又应将它视作区域异常。从叠加异常中分离出某个地质体引起的异常,或者把叠加异常分解为几个地质体引起的单一异常,是很有难度的,尤其对于规模和埋深相当的、相距不远的地质体。

对重力异常进行的平滑或平均处理,是消除数据中随机误差的有效手段,较为强烈的平滑处理本身即可用于异常的划分。通常,在进行区域异常和局部异常的划分时,应根据平面或剖面上的异常变化特征,选用适当方法。求取区域异常的常用方法有:平行直线法、平滑曲线法、圆周法、滑动平均法、向上解析延拓法、趋势分析法等。而重力异常垂向导数的换算结果,却能有效突出局部异常的特征。

一般可将布格异常与区域异常的差值看作局部异常,但由于区域异常的提取往往受所拥有资料范围的限制,而存在一定主观性,故将这种"局部异常"称为剩余异常更客观。重力异常的区分与后续的异常解释,往往是不断尝试、交替进行的;在不断的反复过程中,解释结果逐渐趋于合理。因此,不能将这两个环节完全分开。

(三)重力异常解释的准备

(1)认真研究重力勘探的目的和任务,制定完成地质解释任务的技术路线、技术措施及实施工作计划。同时,须详细了解实测重力异常的质量。

(2)充分收集、了解和研究所在工区和外围的地质(地层、构造、岩浆活动以及矿产分布等)、物探、化探、钻探等资料,并编制解释工作所需的各种基础图件。

(3)采集、测定、分析工区的岩、矿石密度。结合地区地质条件,分析区内形成重力异常的地质因素,以及这些因素所产生重力异常的基本特点。

(4)重力异常特征描述。异常特征描述是加深对异常理解的重要环节,通常按区域异常特征和局部异常特征分别描述。区域异常的特征主要是指测区内重力异常的总变化趋势、异常的走向、异常的最大值和最小值、异常变化梯度及异常分布特点和分区等。局部异常特征指重力高、重力低、重力异常梯级带,重力异常线的弯曲、扭动等,以及局部异常的走向、分布范围、形态、幅值等特征。

三、布格重力异常划分

(一)重力异常预处理

实测重力异常在进行数据处理、图件绘制前,通常需要经过以下预处理环节。

1. 插值

因实测异常数据点往往并不均匀,如剖面上点距不均匀、平面上测点分布密度不均匀,或存在局部"缺点""漏点"等问题。为便于异常后续计算和使用,一般用插值的方法使其规则化,故称作"正则化"过程。

为保持异常原貌,插值时的点距或平面网格距采用野外施工的设计参数(插值点与实测点接近),也可以根据使用的需要,插值成较密点距或网格。

2. 圆滑

为了消除实测异常数据中的随机误差,可以对异常进行一定圆滑,包括直接剔除个别"畸变点"。但是,圆滑前后数据的最大差值,不应超过实测异常标准差的3倍,即被圆滑掉的部分只能是误差("畸变点"除外)。

剖面和平面异常,都可以使用徒手圆滑或使用计算方式(软件)取得圆滑结果。在选择了适当的插值方法(如3次样条插值等)时,圆滑和插值可以同时完成。

3. 剖面投影

实测重力剖面不直或呈折线,会导致异常形态严重变形,而直接影响解释。通常根据实测剖面点的平面坐标数据,进行线性回归,得到最接近实测剖面的直线。然后,将实测点的异常垂直投影到该直线上,再进行插值(正则化)和圆滑处理。

对于较长的重力剖面,或原本设计时就具有转折点的剖面,为保持剖面重力异常的连贯性,可以分段进行剖面投影,并绘制在同一幅图件中。但是,图件中必须标示出转折点的位置及各段剖面的方向等。

(二)异常划分——平滑曲(直)线法

无论采用哪一种方法,在进行区域异常和局部异常划分时,都要求重力异常资料范围足够大,即异常图幅边缘及附近不存在明显的局部异常。只有这样,才能对区域异常的变化规律作出正确判断,进而获得较可靠的局部异常,以达到对局部目标场源进行客观、较准确数学物理解释的目的。

但是,由于实际重力异常的复杂性,"异常资料范围足够大"这一要求往往不易得到满足。异常划分效果的好坏,很大程度上依赖于解释人员的经验和判断。

相比之下,平滑曲(直)线法简易直观、比较灵活,在确定区域异常时,对资料范围的要求并不十分苛刻,这使得该方法成为重力异常划分的常用方法。但同时,该方法也对解释人员的经验,及对解释区地质和其他信息的了解、掌握等有更高的要求。

在处理剖面资料时,平滑曲(直)线法根据布格重力异常的趋势,依据剖面两端异常的特征,顺势绘出一条能反映边缘异常特点的平滑曲线或直线,将其作为区域重力异常。实测异常曲线上各点的异常值减去相应点的区域异常,即为局部异常。

在处理平面资料时,平滑曲(直)线法同样可根据图幅边缘区域的异常等值线规律,按照异常平面等值线的变化趋势绘出一组平滑曲线(或直线),将其作为区域重力异常。并根据实测异常与已确定的区域异常的差值,绘制局部重力异常的平面等值线图。

图10-1为用平滑曲(直)线法确定区域异常的重力剖面实例(异常精度约$\pm 0.04\times 10^{-5}$m/s^2,数据见表10-1)。该剖面长约3km,由南向北点号增大,位于1条数十公里宽的大型重力梯级带之上,并大致与其相垂直。

根据该梯级带的异常特征及剖面重力异常趋势,用平滑直线确定区域异常背景,区域异常梯度为-0.8×10^{-5}m/s^2·km。剩余异常(局部异常)最大值接近1.0×10^{-5}m/s^2,主要由沿陡立断裂面侵入的基性岩脉(密度差约0.4g/cm^3)所引起。

图10-2为某油田区平面布格重力异常平面等值线图。测区总的布格异常变化幅度约4.4×

10^{-5}m/s^2，等值线距 0.2×10^{-5}m/s^2，已知产油区位于局部重力低区域内（局部异常幅值约 -0.6×10^{-5}m/s^2）。试用徒手平滑法，按异常变化趋势绘出一组平滑曲线，将其作为区域重力异常；并根据该图件取数，切绘 1 条由南向北（自下而上）过产油区的重力异常剖面示意图，包括布格异常、区域异常和局部异常 3 条曲线（图框内南北距离约 15km）。

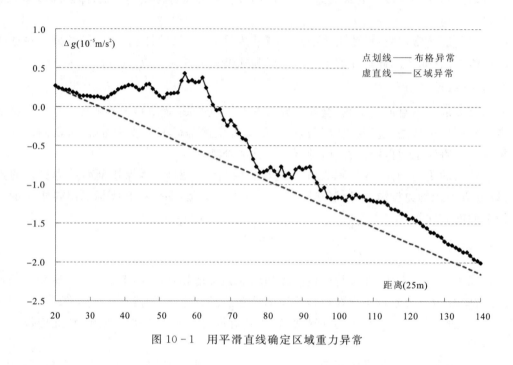

图 10-1 用平滑直线确定区域重力异常

表 10-1 重力剖面布格异常数据

点号	布格异常	区域异常	点号	布格异常	区域异常	点号	布格异常	区域异常
20	0.265	0.250						
21	0.240	0.230	61	0.317	−0.570	101	−1.172	−1.370
22	0.226	0.210	62	0.368	−0.590	102	−1.204	−1.390
23	0.208	0.190	63	0.242	−0.610	103	−1.146	−1.410
24	0.208	0.170	64	0.126	−0.630	104	−1.181	−1.430
25	0.185	0.150	65	0.019	−0.650	105	−1.131	−1.450
26	0.173	0.130	66	−0.052	−0.670	106	−1.163	−1.470
27	0.127	0.110	67	−0.037	−0.690	107	−1.149	−1.490
28	0.138	0.090	68	−0.170	−0.710	108	−1.207	−1.510
29	0.138	0.070	69	−0.250	−0.730	109	−1.197	−1.530
30	0.130	0.050	70	−0.177	−0.750	110	−1.215	−1.550
31	0.125	0.030	71	−0.245	−0.770	111	−1.229	−1.570
32	0.129	0.010	72	−0.343	−0.790	112	−1.228	−1.590

续表 10-1

点号	布格异常	区域异常	点号	布格异常	区域异常	点号	布格异常	区域异常
33	0.118	−0.010	73	−0.410	−0.810	113	−1.228	−1.610
34	0.104	−0.030	74	−0.431	−0.830	114	−1.258	−1.630
35	0.125	−0.050	75	−0.529	−0.850	115	−1.314	−1.650
36	0.155	−0.070	76	−0.680	−0.870	116	−1.319	−1.670
37	0.177	−0.090	77	−0.773	−0.890	117	−1.345	−1.690
38	0.217	−0.110	78	−0.848	−0.910	118	−1.379	−1.710
39	0.240	−0.130	79	−0.843	−0.930	119	−1.399	−1.730
40	0.251	−0.150	80	−0.819	−0.950	120	−1.445	−1.750
41	0.271	−0.170	81	−0.784	−0.970	121	−1.431	−1.770
42	0.273	−0.190	82	−0.829	−0.990	122	−1.466	−1.790
43	0.244	−0.210	83	−0.882	−1.010	123	−1.493	−1.810
44	0.212	−0.230	84	−0.772	−1.030	124	−1.532	−1.830
45	0.230	−0.250	85	−0.889	−1.050	125	−1.560	−1.850
46	0.281	−0.270	86	−0.861	−1.070	126	−1.614	−1.870
47	0.286	−0.290	87	−0.916	−1.090	127	−1.621	−1.890
48	0.227	−0.310	88	−0.808	−1.110	128	−1.656	−1.910
49	0.174	−0.330	89	−0.780	−1.130	129	−1.679	−1.930
50	0.138	−0.350	90	−0.810	−1.150	130	−1.733	−1.950
51	0.111	−0.370	91	−0.787	−1.170	131	−1.764	−1.970
52	0.163	−0.390	92	−0.775	−1.190	132	−1.782	−1.990
53	0.163	−0.410	93	−0.903	−1.210	133	−1.809	−2.010
54	0.169	−0.430	94	−0.981	−1.230	134	−1.832	−2.030
55	0.176	−0.450	95	−1.076	−1.250	135	−1.869	−2.050
56	0.329	−0.470	96	−1.042	−1.270	136	−1.873	−2.070
57	0.421	−0.490	97	−1.165	−1.290	137	−1.912	−2.090
58	0.319	−0.510	98	−1.184	−1.310	138	−1.962	−2.110
59	0.334	−0.530	99	−1.174	−1.330	139	−1.978	−2.130
60	0.306	−0.550	100	−1.164	−1.350	140	−2.007	−2.150

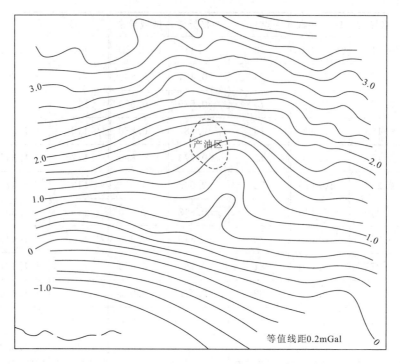

图 10-2 某油田布格重力异常

(三)异常划分——偏差值法(圆周法)

剖面重力异常资料用偏差值法分场的计算公式为:

$$\Delta g(x) = g(x) - \frac{g(x+l) + g(x-l)}{2} \tag{10-1}$$

式中:x 为计算点坐标;$g(x)$ 为 x 点的布格异常;l 为半径;$g(x+l)$ 和 $g(x-l)$ 分别为 $(x+l)$ 和 $(x-l)$ 点的布格异常。当满足 $2l$ 大于局部异常范围,且 $2l$ 范围内的区域异常变化可看作是线性变化的条件时,偏差值 $\Delta g(x)$ 在数值上就等于局部异常值。

上述方法用于处理平面资料时,称为圆周法(或多边形法),分场计算公式为:

$$\Delta g(0) = g(0) - \overline{g}(r) = g(0) - \frac{1}{n}\sum_{i=1}^{n} g_i(r) \tag{10-2}$$

式中:$g(0)$ 为计算点布格异常值;$g_i(r)$ 是以 r 为半径,以计算点为圆心的圆周(或多边形角点)上 n 个点的布格异常值之一。同样,当满足以 r 为半径的圆域大于局部异常范围,且圆域内区域异常可看作是线性变化时,$\Delta g(0)$ 的计算值即为局部异常值。

用上述方法分场,在合理地确定参数 l(或 r)后,常常可以收到较好的效果。在确定 l(或 r)时,可按方法必须满足的两个条件,从异常图上直接判断 l(或 r)的大小,也可用试验的方法来确定。试验时,在显示局部异常的位置选出计算点,采取不同 l(或 r),利用上述公式计算 $\Delta g(x)$ 或 $\Delta g(0)$。画出 $\Delta g(x)$-l 或 $\Delta g(0)$-r 的曲线,如图 10-3(a)所示,与曲线的转折处相对应的 l(或 r)值即为最佳值。如果测区内存在三级或多级异常,则最佳半径可以根据曲线的转折处的位置来估计,如图 10-3(b)所示。

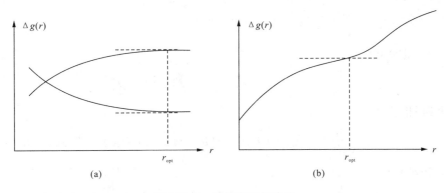

图 10-3 最佳半径的确选

若有条件,应多选多个异常点进行计算试验。在实际工作中也可用不同 l(或 r)直接计算局部异常,并以所得到的局部异常能较好反映已知研究对象的 l(或 r)作为最终进行异常划分的半径。

本实验只要求使用偏差值法完成剖面异常的区分,实验工作任务是:

(1)利用表 10-1 数据,或在图 10-2 上切出一条通过局部异常中心的南北向剖面布格异常曲线(60~100 个数据点为宜,点间间隔相等)。

(2)用式(10-1)进行半径 l 的选择试验(用点距及其整倍数),绘出 $\Delta g(x)$-l 曲线,求得最佳 l 值,并用该 l 值对整个剖面的局部异常值进行计算。

(3)绘制重力异常剖面图,包括布格异常、区域异常和局部异常 3 条曲线。

(4)与平滑曲(直)线法所得的结果进行比较,分析形成差异的原因,评价效果。

(四)重力位高阶导数——V_{xz}、V_{zzz} 换算

最常用的重力位高阶导数是重力垂向二次导数 V_{zzz} 及重力水平一阶导数 V_{xz} 和 V_{yz}。对于平面异常,可以分别计算沿 x(南北)和 y(东西)方向的水平导数,即 V_{xz} 和 V_{yz}。对于剖面异常,则可以计算沿剖面方向(x)的水平导数 V_{xz}。水平一阶导数的物理意义是,重力异常沿计算方向(x 或 y)的变化率。

剖面上的水平一阶导数计算公式如下:

$$V_{xz} = \frac{\Delta g(\Delta x) - \Delta g(-\Delta x)}{2\Delta x} \tag{10-3}$$

式中:Δx 为计算窗口或称步长,通常为 1 个或几个点距;$\Delta g(\Delta x)$ 和 $\Delta g(-\Delta x)$ 分别为计算点前后各 1 个步长处的重力异常值。Δx 的取值越大,V_{xz} 中包含的细节越少,所反映的信息也越宏观。

重力水平导数对重力异常的极值点和拐点位置的准确判定有重要实用价值。在剖面异常曲线上,重力异常极值点和拐点分别对应于 V_{xz} 曲线的零点和极值点。

对于平面异常资料,也可以写出与式(10-3)相似的,异常沿 y 方向(x 的垂直方向)的水平导数 V_{yz}。还可以计算二阶水平导数(很少使用),这里不再写出计算式。

重力垂向二次导数 V_{zzz}(即引力位的三阶垂向导数),有极强的压制区域异常、突出局部异常的效果。用来计算重力垂向二次导数的公式很多,较常用的有以下几种。

哈克公式:

$$V_{zzz} = \frac{4}{R^2}[\Delta g(0) - \overline{\Delta g}(R)] \qquad (10-4)$$

艾勒金斯-Ⅱ公式：

$$V_{zzz} = \frac{1}{28R^2}[16\Delta g(0) + 8\overline{\Delta g}(R) - 24\overline{\Delta g}(\sqrt{5}R)] \qquad (10-5)$$

艾勒金斯-Ⅲ公式：

$$V_{zzz} = \frac{1}{62R^2}[44\Delta g(0) + 16\overline{\Delta g}(R) - 12\overline{\Delta g}(\sqrt{2}R) - 48\overline{\Delta g}(\sqrt{5}R)] \qquad (10-6)$$

罗森巴赫公式：

$$V_{zzz} = \frac{1}{24R^2}[96\Delta g(0) - 72\overline{\Delta g}(R) - 32\overline{\Delta g}(\sqrt{2}R) + 8\overline{\Delta g}(\sqrt{5}R)] \qquad (10-7)$$

式中：$\Delta g(0)$为计算点布格异常值；其他的布格异常值 Δg 分别为 3 种不同取值半径圆周上布格重力异常平均值，如图 10-4 所示。

这种取值方法是以平面正则化数据为基础的，故艾勒金斯公式和罗森巴赫公式原则上只适用于平面异常的 V_{zzz} 换算，当其用于剖面换算时，需要对重力异常进行插值。如果希望在平面数据换算中使用更大的半径，可以使用图 10-4 中基本半径的整数倍。这种取值方法也可以用于圆周法的异常划分。

因较小范围内点间重力异常的变化值往往较小，故 V_{xz} 和 V_{zzz} 的换算结果受重力异常精度的制约比较明显。这一点，在使用 V_{xz} 和 V_{zzz} 换算结果进行异常解释时应予以充分的重视，这也是重力高阶导数一般不用于定量解释的原因所在。

本次实验使用表 10-1 数据完成剖面异常 V_{xz} 和 V_{zzz} 换算。工作任务是：

(1) 分别取 $R=100$m、250m 和 500m，直接计算 V_{xz}，绘出曲线并进行比较。

(2) 分别取 $R=100$m、250m 和 500m，用哈克公式计算 V_{zzz}，绘出曲线并进行比较。

(3) 比较 V_{xz} 和 V_{zzz} 曲线特征点的所在位置，评价换算结果的质量及方法效果。

四、布格异常解释

1. 异常解释流程和一般原则

重力异常解释包括数学物理解释和地质解释。

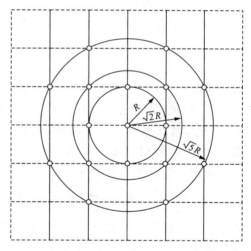

图 10-4 取值点位

数学物理解释是根据重力异常的分布规律和特征，确定引起异常场源体的几何参数（形状、大小和埋深）和物理参数（剩余密度）。一般途径是确定或已知剩余密度值，求场源体的几何参数。重力异常的地质解释是根据测区地质条件和规律，赋予数学物理解释以明确的地质含义。

数学物理解释中往往需要涉及许多具体的参数，用于数学运算。当没有掌握多数可靠参数时，应该首先进行定性解释。定性解释时，一般依据由已知到未知、由局部到整体的原则，采用重力异常直接与已知地质资料对比与分析的方法，例如：

(1) 找出异常与出露地层、岩石的成分、年代、产状的关系。
(2) 异常总体特征与工作区内褶皱、断裂等构造总体走向的关系。
(3) 局部异常与已知局部构造、岩体分布等的关系。
(4) 重力异常与钻井资料以及与其他物探、化探资料的关系。

必要时通过定量计算以验证定性认识,确定引起异常的地质因素。对具备一定条件的有意义的异常,根据异常的特点和已知条件,选择合适的反演计算方法进行定量计算,求得相应场源体的形状、大小、埋深等产状要素。通常采用的方法有反演法、选择法、积分法等,合理地综合运用上述方法可得到较好的效果。在解释中必须注意到重力异常解释的非唯一性问题,充分的已知条件能有效控制并减少解释的多解性。

在求解单一密度界面反问题时,方法较多,线性公式可方便地用于粗略估算界面的深度变化。但无论使用哪种方法求解单一密度界面,均应满足:①观测异常与密度界面的起伏存在明显而单一的关系;②密度界面的上、下物质层密度分布比较均匀,且已知其确切的密度差值;③工区内至少要有1个已知的界面深度点。

最后,根据测区重力勘探任务所提出的地质问题及以上解释结果,做出合理而适当的地质结论和进一步工作建议:①地质结论应尽可能明确、依据充分,同时要充分考虑到各种可能情况,不掩盖矛盾,对推断前提条件和结果的可靠性及可能误差应加以说明;②地质结论进行文字阐述时,应配合各种形式解释成果图件予以确切表达;③为验证解释成果,或为进一步工作寻找方向,通常应该提出后继的物探、钻探工作的建议和主要技术要求。

2. 实验数据的重力异常解释

表 10-1 给出的重力异常数据,是 1 条由 121 个测点组成、长度为 3km 的重力剖面(点距 25m,总体走向 NW340°)。剖面南段 20~100 点号区间结晶基底出露,为新元古界变质花岗岩,平均密度 $2.67g/cm^3$;浅部风化层厚度约 100m,平均密度 $2.58g/cm^3$。北段 100~140 点号区间进入下古生界石灰岩地层区(柳江盆地南部),平均密度 $2.67g/cm^3$。剖面北端即将进入盆地核部,为以中生界陆相地层为主的低密度地层分布区,岩性为砂岩、页岩和含煤地层等,平均密度低于 $2.60g/cm^3$。

地质普查结果表明,在两组地层交界地带及以南区域,出现多条北东东走向的断裂构造,认为是柳江盆地的南部边界带。因该地区第四系覆盖普遍,仅观察到多处中生代燕山晚期沿断裂面侵入的基性岩脉(较大倾角的辉绿岩脉,平均密度 $3.00g/cm^3$),构造关系、露头之间的联系、岩脉宽度及岩脉的水平延伸和垂向延深情况均不明。

重力勘探的地质任务是:对柳江盆地南部断裂构造及辉绿岩脉分布进行调查。剖面南、北两段地层的岩性虽不同,但平均密度几乎相等,仅南部浅层变质花岗岩因风化而出现不足 $0.1g/cm^3$ 的密度差。据无限平板公式估算,约有 $0.4×10^{-5}m/s^2$ 重力异常。

沿断裂面侵入的辉绿岩脉与围岩(变质花岗岩)之间有 0.3~0.4 g/cm^3 的平均密度差。用直立薄板模型估算,若单条岩脉水平宽度为 10m,则可能有 $0.5×10^{-5}m/s^2$ 以上局部重力异常。因辉绿岩脉是沿着断裂面侵入分布的,局部密度差又较明显,这为重力勘探完成上述地质任务提供了有力的物理前提保障。

由表 10-1 可以得到该剖面的局部重力异常,如图 10-5 所示。当以剖面南段密度分布为背景时,存在 5 个较明显的局部正异常,分别位于:40~50点间、60 点附近、70 点附近、90 点附近及 105 点以后。前 3 个异常在一起形成叠加异常,其中第 3 个异常最弱,V_{zzz} 异常曲线对这 3 个异常的位置显示更加清晰、准确。需要说明的还有,100 点以后的异常,实际是一个密度台阶所引起的局部异常;114 点以后异常的下降,是由于剖面北端逐渐接近盆地核部的低密度地层所致。

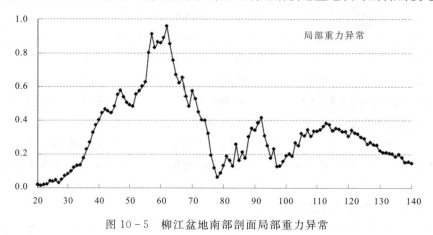

图 10-5　柳江盆地南部剖面局部重力异常

本次实验的异常解释任务是:

(1)用 4 个任意截面水平柱体模型(有限延深的二度陡立板状体,密度差 $0.4\mathrm{g/cm^3}$)和 1 个垂直台阶模型(105 点之后,密度差 $0.1\mathrm{g/cm^3}$)对整个剖面进行局部异常拟合。

(2)取得较好的拟合效果后,计算 20~110 点间 91 个点的拟合精度(标准差)。

(3)在局部重力异常图的下方,绘制最终的解释模型示意图,以二度板状体模型的重心和台阶模型的立面位置作为断裂面所在位置。

(4)也可以用 4 个水平圆柱体模型分别对前 4 个局部异常进行反演,并以各模型中心和台阶模型的立面位置作为断裂面所在位置进行定性解释。

五、实验报告编写

1. 实验目的和要求

2. 实验内容

(1)对剖面重力异常数据进行平滑、插值等预处理。

(2)用平滑曲(直)线法对图 10-2 中的平面异常数据进行重力异常划分。

(3)用偏差值法对剖面实验数据进行重力异常划分,并进行计算半径试验。

(4)选用不同计算半径分别对实验数据进行 V_{xz} 和 V_{zzz} 换算,并比较其间差异、评价不同半径的异常换算效果。

(5)对表 10-1 中的剩余异常进行定量或定性解释,并说明平滑直线(区域异常)的数值基准的确定依据。给出模型解释成果图件及异常模拟标准差等。

3. 问题讨论

(1)V_{zzz} 换算中,计算半径的选用与所得到的 V_{zzz} 换算结果有何种关系?

(2)对比阐述平滑曲(直)线法和偏差值法在实验数据处理中的应用效果,分析这两种方法的特点和运用条件。

(3)用水平圆柱体对陡立板状体异常进行反演,可以提供何种较可靠信息?

主要参考文献

罗孝宽,郭绍雍.应用地球物理教程——重力、磁法[M].北京:地质出版社,1991.

王宝仁,王传雷.重力、磁法实验实习教学指导书[M].北京:地质出版社,1994.

曾华霖.重力场与重力勘探[M].北京:地质出版社,2005.

[美]L.L.内特尔顿.石油勘探中的重力法和磁法[M].苏盛甫,高明远,译.北京:石油工业出版社,1987.

[德]Wolfgang Torge.重力测量学[M].徐菊生,等译.北京:地震出版社,1993.

中华人民共和国地质矿产行业标准——区域重力调查规范(DZ/T 0082)[S].北京:中华人民共和国国土资源部,2006.

曹金国,王来鹏,翟广卿,等.CG-5重力仪及应用[M].北京:解放军出版社,2007.

沈博,郝晓菡.CG-5重力仪的漂移与寿命[J].物探与化探,2015,39(2):383-386.

邢乐林,李辉,夏正超,等.CG-5重力仪零漂特性研究[J].地震学报,2010,32(3):369-373.

附图：重要人物和仪器

[意大利]伽利略（1564—1642年）

1590年在比萨斜塔完成落体实验，发现了落体定律；几乎同时，阐述了单摆的振动规律。1609年，创制了天文望远镜，对太阳系、银河系进行了观测，为其后对地球及其重力场的研究指明了方向。

[荷兰]惠更斯（1629—1695年）

在实验基础上确定了单摆的周期及摆长与重力的定量关系（单摆定律），并据此于1655年发明了机械摆钟。曾依据赤道附近摆钟变慢的事实，与牛顿同时独立估算了地球扁率。

[英国]牛顿（1642—1727年）

1687年论述了万有引力定律，指出因地球离心力从赤道向两极逐渐减小，地球应该是赤道处外凸、两极略扁的扁球，并估算了地球扁率和平均密度。奠定了重力测量学、重力学和重力勘探的理论基础。

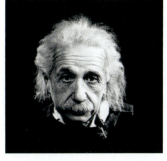

[瑞士]爱因斯坦（1879—1955年）

1915年提出广义相对论，研究了引力和"时空几何"的关系，更新了牛顿的经典引力学观念，预言了引力波的存在。2015年9月美国科学家利用激光干涉引力波探测器（LIGO）首次捕获到引力波信号。

[俄国]罗蒙诺索夫（1711—1765年）

首次提出了重力随时间变化的观点。1759年设计了万能气压计，当对气压变化进行有效控制或校正时，可以直接用于测定重力随时间的变化值。

[英国]卡文迪什（1731—1810年）

1798年完成了万有引力测量的扭秤实验（后世称为卡文迪什实验），测得万有引力常数G值仅比现代值大0.33%，进而得到地球的总质量。求出地球平均密度约为5.5 g/cm³，推断地球必然存在高密度内核。

[英国]斯托克斯（1819—1903年）

1849年从理论上证明了：如果地面上重力值为已知，则可以根据它的分布和变化规律确定大地水准面的形状，并求得大地水准面与标准椭球面的偏差。

[匈牙利]厄缶（1848—1919年）

1896年，对卡文迪什测量引力常数的装置进行了改造，制造出可用于测定多个重力位二阶导数的扭秤，这是早期重力勘探的主要仪器。1908年又论述了用扭秤研究地壳上层结构的可能性与效果。

[中国]李四光（1889—1971年）

1930年编写《扭转天枰之理论》。1937—1939年用匈牙利L型扭秤和德国Askania-S-20型扭秤，在湖南水口山找铅锌矿，这是我国最早进行的重力勘探。

[法国]雁月飞（1898—1958年）

本名Petrus Lejay，曾任徐家汇观象台台长。1930年与Holweck共同研制了Holweck-Lejay摆，即荷-雁弹性摆。1933—1939年在中央物理所严济慈、鲁若愚等人配合下，使用该装置在我国南部和东部广大地区进行重力测量，取得了我国最早的重力测量成果。

[中国]翁文波（1912—1994年）

1939年在英国获博士学位后回国，任中央大学地质系教授，在国内首次开设地球物理勘探课程。1940年起，用他在英国亲手制造的零长弹簧重力仪（最早由中国人制造的重力仪）在国内开展重力勘探工作。

[美国]朱棣文（1948—）

华裔科学家。1989年创建了激光冷却和囚禁（捕获）原子的方法，因此获得1997年诺贝尔物理学奖。开创了用原子干涉方法和相关技术，进行绝对重力测量和重力梯度测量的先河。

[美国]沃尔登(Worden)重力仪

[加拿大]CG-2重力仪

[中国]Z-400重力仪

[加拿大]Sodin410重力仪

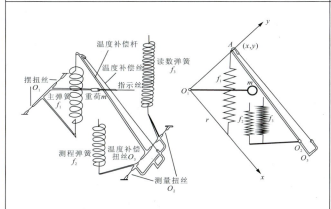

[中国]ZSM石英弹簧重力仪原理
（据林润楠，1983）

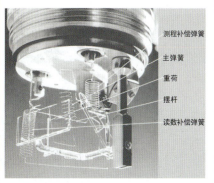

[中国]重力仪的石英弹性系统

[美国]拉科斯特（LCR）重力仪

[美国]较早的贝尔雷斯(Burris)重力仪

[美国]拉科斯特重力仪野外观测

Lucien LaCoste，1934年设计零长弹簧助动结构，从此确立了零长弹簧助动原理在重力仪制造中的长期领先地位。图为LaCoste本人，1970年摄于美国德州。

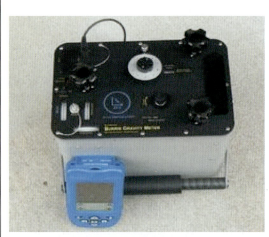

[美国] 贝尔雷斯(Burris)重力仪

[加拿大]CG-5重力仪野外观测

[加拿大]CG-5重力仪

[中国]ZSM重力仪——双峰号
1975年在珠峰观测

[中国]DZW固体潮重力仪

[中国]海底重力测量作业现场
1990年代，南海

[美国]拉科斯特ZLS海-空重力仪

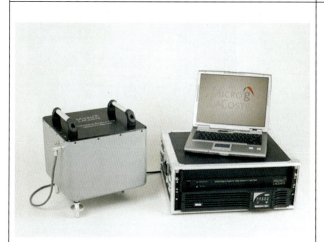

[美国]g-Phone固体潮重力仪

[美国]GWR超导重力仪

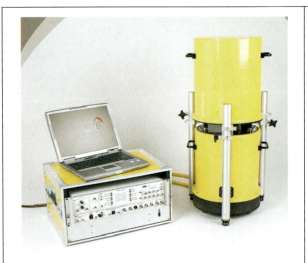

[美国]A-10激光干涉绝对重力仪

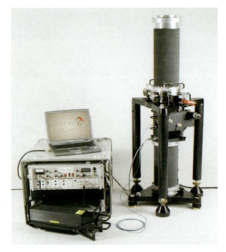

[美国]FG-5激光干涉绝对重力仪

[美国]A-10激光干涉绝对重力仪
冬季阿拉斯加（-30℃）

[美国]较早的FG-5激光绝对重力仪

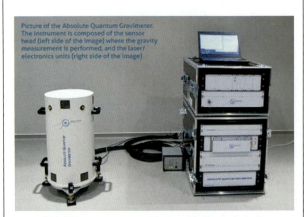

[法国]MUQUANS原子干涉绝对重力仪

[俄罗斯]GT-2M海洋振弦重力仪